全国重要矿产资源
潜力评价成果应用

资源潜力评价与选区研究

铬 铁 矿

中国地质调查局资源评价部
中国地质科学院矿产资源研究所

中国原子能出版社

图书在版编目（CIP）数据

资源潜力评价与选区研究．铬铁矿／中国地质调查局资源评价部，中国地质科学院矿产资源研究所编．—北京：中国原子能出版社，2015.2
ISBN 978-7-5022-6478-9

Ⅰ.①资… Ⅱ.①中… ②中… Ⅲ.①铬铁矿-资源潜力-资源评价 Ⅳ.①P618

中国版本图书馆 CIP 数据核字(2014)第 297162 号

资源潜力评价与选区研究·铬铁矿

出版发行	中国原子能出版社(北京市海淀区阜成路 43 号　100048)
责任编辑	侯茸方
装帧设计	崔　彤
责任校对	冯莲凤
责任印制	潘玉玲
印　　刷	保定市中画美凯印刷有限公司
经　　销	全国新华书店
开　　本	889 mm×1194 mm　1/16
印　　张	4.25　　**字　　数**　125 千字
版　　次	2015 年 2 月第 1 版　2015 年 2 月第 1 次印刷
书　　号	ISBN 978-7-5022-6478-9　　**定　价**　**25.00 元**

网址：http://www.aep.com.cn　　**E-mail：atomep123@126.com**
发行电话：010-68452845

前　　言

1999年国土资源大调查以来，矿产资源调查评价工作通过公益先行，全面引领矿产勘查工作，取得重大成果，发现了大批矿产地，新增了大批资源量，评价并初现十大后备资源基地，支撑了国内矿产资源保障程度的明显提高，促进了全国矿产勘查开发新格局的初步构建，我国地质找矿工作步入一个新的发展阶段。

2006年，为充分利用地质调查成果和资料，全面总结我国重要矿产资源分布特点和禀赋特征，研究成矿规律，指导矿产资源勘查，贯彻落实《国务院关于加强地质工作的决定》中提出的“积极开展矿产远景调查和综合研究，科学评估区域矿产资源潜力，为科学部署矿产资源勘查提供依据”的要求和精神，国土资源部部署了全国矿产资源潜力评价工作，并把该项工作定位为我国矿产资源方面的一次重要的国情调查，目的是通过系统总结地质调查和矿产勘查工作成果，全面掌握矿产资源现状，科学评价未查明矿产资源潜力，建立真实准确的矿产资源数据。

为使矿产资源潜力评价成果资料及时服务找矿突破战略行动，中国地质调查局资源评价部和中国地质科学院矿产资源研究所组织中国地质大学（北京）、有色金属矿产地质调查中心、中国地质大学（武汉）、武警黄金地质研究所、中化地质矿山总局、北京信息科技大学等单位的矿产预测专家，共同完成了25种重要矿产中的23个矿种（未包括煤、铀）单矿种资源潜力分析，形成《资源潜力评价与选区研究系列报告》。第二批报告包括锰、锡、钼、镍、银、铬铁、菱镁、锂、硼、硫、萤石、重晶石等12个矿种。

报告编写的总体原则是力求突出和充分应用矿产资源潜力评价精华成果，为勘查选区和规划部署服务。报告对上述12个矿种的资源现状及潜力进行了综合分析，其中已查明资源储量数据截至2010年；对潜力评价预测的资源量分全国和省（市、自治区）两个层面进行汇总，同时按预测深度、预测精度及资源在目前技术经济条件下的可利用性等进行统计；最终在最新成矿规律研究成果和矿产预测的资源潜力的基础上进行了选区部署研究，确定了全国和省（市、自治区）两个层面的远景区，并进行了优选。

《资源潜力评价与选区研究系列报告》由王瑞江、薛迎喜、邢树文、肖克炎主编，其中：锰矿由陈建平、向杰、张莹执笔，锡矿由夏庆霖、汪新庆、肖文、刘壮壮、李国庆、王绍君、李童斐执笔，钼矿由唐攀科、王春艳执笔，镍矿由娄德波、范建福执笔，银矿由肖力、牛翠祎、邢俊兵、孙磊、韩先菊执笔，铬铁矿由杨毅恒、邓凡执笔，菱镁矿由丁建华执笔，锂矿由齐帅军执笔，硼矿由王莹、张杨、商朋强执笔，硫矿由李响、张杨执笔，萤石矿由唐尧、王吉平、商朋强执笔，重晶石矿由杨辉艳、张杨执笔；阴江宁负责所有矿种的数据库数据提取，刘亚玲、陈海燕负责基础底图的提取和制作。在报告完成过程中，陈毓川、叶天竺、黄崇轲、王全明、龙宝林、白鸽、袁忠信、赵一鸣、白万成、王炳铨、成秋明、付水兴、夏庆霖、王登红、李厚民、张大权、张生辉、江云华、熊先孝、薛天星、卿敏、陈丛林、蔺志永、董庆吉等专家多次提出宝贵的修改意见。在此向所有为报告编写和出版作出贡献的人表示衷心的感谢！

《资源潜力评价与选区研究系列报告》可为地质矿产调查评价专项工作部署提供依据，可为商业性矿产勘查提供基础资料，也可供大专院校、科研院所以及地质调查和矿产勘查等单位的相关人员参考。

术 语 解 释

1 级预测区：又叫最小预测区。指在矿产预测过程中，依据现有资料所圈定的不能再进一步分割的区域，其面积一般小于 50 平方千米，个别类型（如沉积型矿产）面积可放宽至 200 平方千米。根据成矿条件有利程度及资源潜力的大小，可分为 A 类预测区、B 类预测区和 C 类预测区。

2 级预测区：是指在预测靶区的基础上，从全省的角度对同一矿种的 1 级预测区进行归并所形成的区域，其面积约在几百平方千米，一般小于 1000 平方千米。

3 级预测区：是指在省级成矿远景区的基础上，从全国的角度对同一矿种的不同 2 级预测区进行归并所形成的区域，其面积约几千平方千米，一般小于 10000 平方千米。

累计查明资源储量：是指在一个矿床（区）或地区内，自开始工作至统计截止日止，上报的资源/储量总和。不扣除矿山的开采量和地下的损失量。

预测资源量 334-1：是指具有工业价值的矿产地（或已知矿床）的深部及外围的预测资源量，该资源量预测依据的资料精度须大于 1 ∶ 5 万。该具有工业价值的矿产地（或已知矿床）必须是通过勘查工作已经提交了 333（含 333）以上资源量的矿产地。

预测资源量 334-3：最小预测单元内可信度较低的一类预测资源量。工作中符合以下条件的即可划入本类别：① 预测资料精度小于、等于 1∶20 万；② 只有间接找矿标志。

预测资源量 334-2：是指介于以上两者之间的为 334-2 预测资源量。

A 类预测区：1 级预测区的一类。该区成矿地质条件优越，找矿标志明显，与区域预测模型中的必要及重要二级要素匹配程度较高，分布于已知矿田内或区内分布有已知工业矿床，具有大型以上规模的预测资源量。

B 类预测区：1 级预测区的一类。该区成矿地质条件比较优越，具有较好的矿化信息，区内分布有已知矿点，或同时具备直接找矿标志和间接找矿标志，与区域预测模型中的必要及重要二级要素基本匹配，具有中型以上规模的预测资源量。

C 类预测区：1 级预测区的一类。该区具有一定的成矿地质条件，区内无已知矿点分布，与区域预测模型的必要及重要二级要素匹配程度较低，具有小型以上规模的预测资源量。

目　　录

第一章　全国铬铁矿资源潜力评价成果报告

一、概述

铬铁矿资源禀赋特征：

（1）分布广泛，但相对较集中；

（2）矿床类型只有蛇绿岩型和岩浆岩型；

（3）矿床数目不少，但大型、中型以上矿床占资源储量最多；

（4）可综合利用资源量只占预测总量的 50% 左右。

铬铁矿成矿条件分析：

我国地域辽阔，处于古亚洲构造域、特提斯-喜马拉雅构造域、滨太平洋构造域的交汇部位，地质构造条件复杂，在漫长的地质历史时期发生过多期强烈的构造运动、岩浆活动及成矿事件，成矿环境多样，形成了蛇绿岩型和岩浆岩型铬铁矿和一些大中型矿床。

蛇绿岩型铬铁矿占总储量的 59%。其成矿多受蛇绿岩控制，产于蛇绿混杂岩带内的超镁铁岩中。型代表有新疆的萨尔托海蛇绿岩型铬铁矿床（石炭纪）、西藏的罗布莎蛇绿岩型铬铁矿床等，主要分布在新疆、西藏、青海、河南等地区和省份。

岩浆岩型铬铁矿主要与构造和超基性岩有关，占总储量的 41%。主要分布在内蒙、河北、河南、吉林、辽宁、云南、北京。

全国铬铁矿资源总量 72153.23 千吨；累计查明铬资源量共计 15655.92 千吨；预测铬资源量共计 56497.31 千吨。

预测铬铁矿资源量中，按不同预测深度分类统计：500 米以浅预测资源量为 51726.65 千吨，1000 米以浅预测资源量为 56321.03 千吨，2000 米以浅预测资源量为 56497.31 千吨；按不同地质可靠程度分类统计：334-1 预测资源量为 18384.32 千吨，334-2 预测资源量为 21628.26 千吨，334-3 预测资源量为 16484.73 千吨；按照目前技术经济评价，在预测的铬铁矿资源量中，可利用的铬铁矿资源量为 27005.28 千吨，暂不可利用的为 29492.03 千吨。

全国累计圈定 358 个铬铁矿最小预测区和 157 个 2 级预测区，在此基础上，全国共圈定 45 个铬铁矿 3 级预测区。在 3 级预测区中，预测资源量在 500 万吨以上的有 3 个，100 万～500 万吨的有 5 个；小于 100 万吨的有 37 个。

二、累计查明资源储量分省统计

全国累计查明铬铁矿资源储量共计 15655.92 千吨，排在前十位的省份为：西藏、内蒙古、新疆、甘肃、河北、北京、青海、陕西、吉林、河南（图 1-1）。

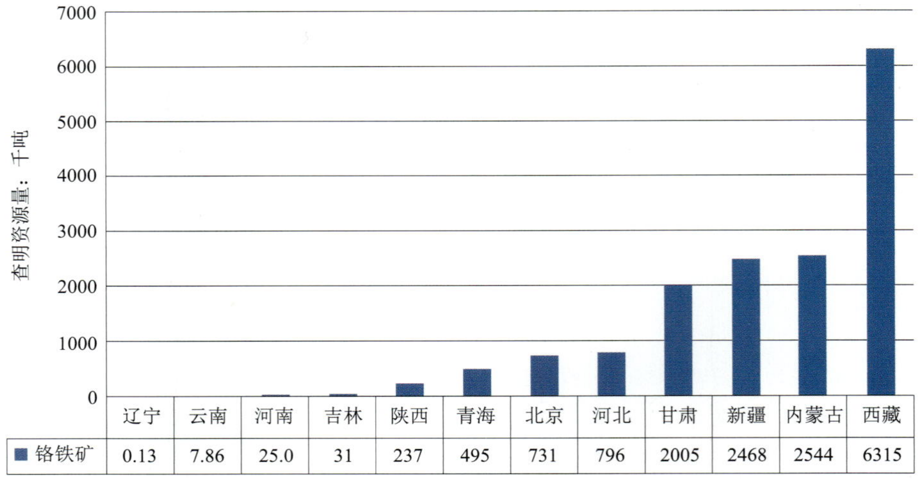

图 1-1　全国 12 省铬铁矿累计查明资源储量对照图

三、预测资源量分省统计

全国 12 省市、自治区共有铬铁矿预测资源量 56497.31 千吨，排在前十的省份为：新疆、西藏、内蒙古、甘肃、青海、河北、北京、云南、陕西、吉林（图 1-2）。

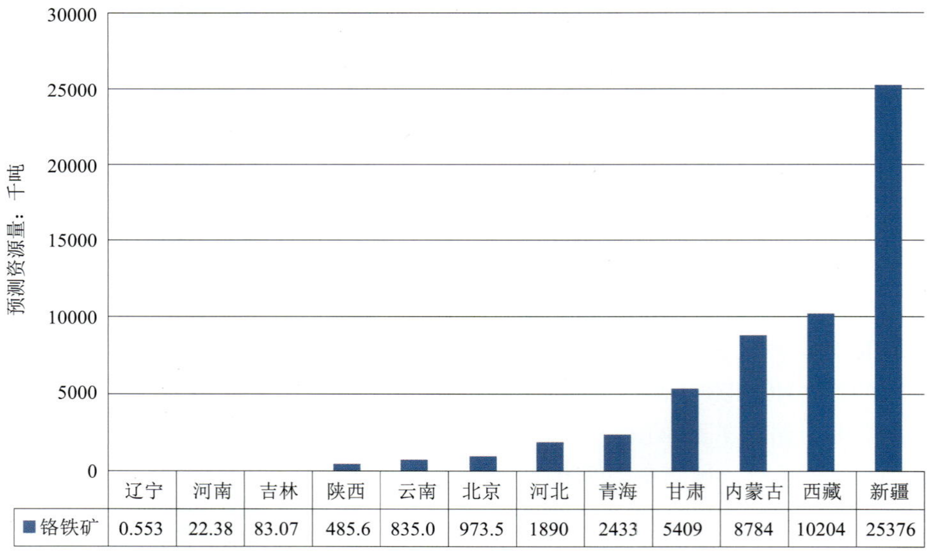

图 1-2　全国 12 省铬铁矿预测资源量对照图

四、不同深度预测资源量

全国铬铁矿预测资源量按深度分类统计如下：500 米以浅预测资源量为 51726.65 千吨，1000 米以浅预测资源量为 56321.03 千吨，2000 米以浅预测资源量为 56497.26 千吨（图 1-3）。

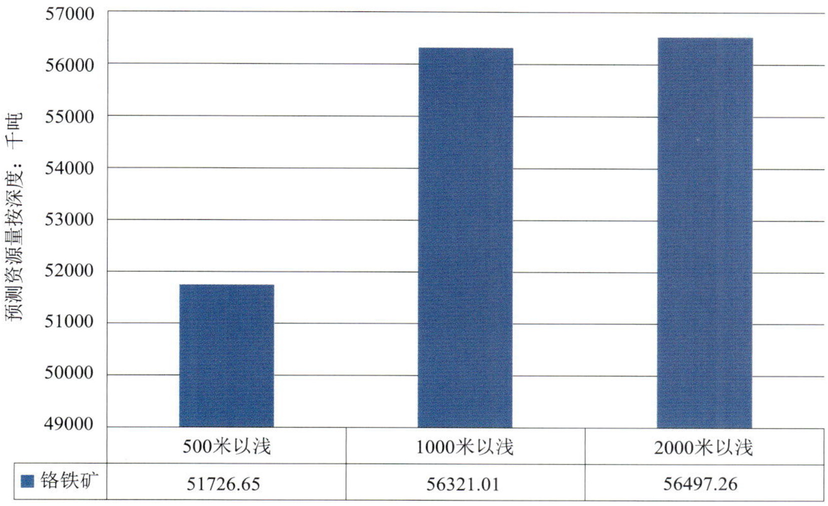

图 1-3　全国铬铁矿不同预测深度预测资源量对比图

五、不同地质可靠程度预测资源量

全国铬铁矿预测资源量按地质可靠程度分类统计如下：334-1 预测资源量为 18384.32 千吨，334-2 预测资源量为 21628.26 千吨，334-3 为 16484.73 千吨（图 1-4）。

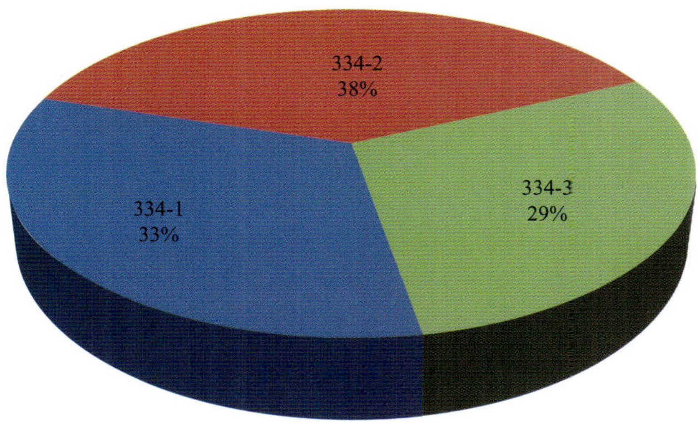

图 1-4　全国铬铁矿不同地质可靠程度预测资源量比例图

六、不同利用程度预测资源量

全国铬铁矿预测资源量按不同利用程度分类统计如下：可利用的铬铁矿资源量为 27005.28 千吨，暂不可利用的为 29492.03 千吨（图 1-5），通过对各省预测资源量可利用性分析，不可利用资源量主要分布于新疆、内蒙古、西藏、北京、陕西、辽宁，暂不可利用资源量占省级预测资源量比例从高到低依次为北京、辽宁、新疆、陕西、内蒙古、西藏。

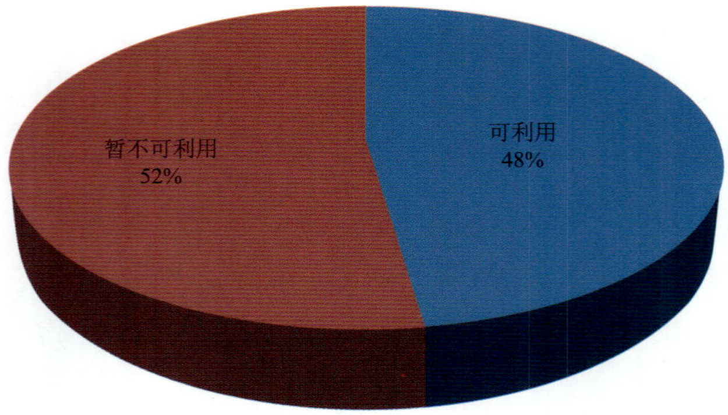

图 1-5　全国铬铁矿不同利用程度预测资源量比例图

七、重要3级预测区地质评价

1. 新疆萨尔托海3级预测区（蛇绿岩型铬铁矿）

预测区位于哈图岛弧带东段，托里县境内，编图范围为东经：835000 ～ 853000；北纬 451000 ～ 462000，主要预测对象为唐巴勒-哈图（复合沟弧带）Cr-Cu-Au-Fe-石棉-水晶带（区）（Cm；Ve-m；Vm-l）（Ⅱ-2-③）萨尔托海式蛇绿岩型铬铁矿，预测类型为蛇绿岩型铬铁矿，典型矿床为萨尔托海铬铁矿，主要赋矿岩石为石炭纪偏基性超基性混杂岩，主要为纯橄榄岩、斜辉辉橄岩等。

预测区位于天山-兴蒙造山系（Ⅰ）、东-西准噶尔弧盆系（Ⅰ-12）、唐巴勒-卡拉麦里复合俯冲增生杂岩带（Ⅰ-12-4）、唐巴勒复合俯冲增生杂岩带（Ⅰ-12-4[1]）的中东部，达尔布特深大断裂南北两侧区域。区内广泛发育石炭系地层及华力西期的活动大陆边缘及后碰撞型的花岗岩类及 SSZ 型蛇绿岩组合。该带构造十分复杂，褶皱紧闭，断裂十分发育，常出现向准噶尔盆地方向逆冲的构造推覆体。

矿产以铬铁矿、金为主，是新疆铬铁矿的重要产区。

预测区 2000 米以浅铬铁矿预测资源量为 23522.0898 千吨，累计查明资源储量为 2427.4241 千吨。

预测区面积为 11788.5 平方千米。

2. 西藏罗布莎3级预测区（蛇绿岩型铬铁矿）

预测区位于雅鲁藏布江缝合带的南侧，呈北西西—南东东向至近东西向展布。其构造分区属雅鲁藏布江蛇绿混杂岩带（Ⅶ-6-1），成矿区带为仁布-曲松 Cr（Pt）、Fe（Mn）、Au（Ag）、Cu、Sb 宝玉石成矿亚带（CⅣ-1-5），岩石类型为一套蛇绿混杂岩，即基质和外来岩块组成，基质为三叠系朗杰学岩群，岩性为灰褐色板岩、硅泥质岩建造。外来岩块主要是地幔岩石组合序列、洋内岛弧火山序列以及其他碳酸盐岩块体等。岩石呈中-细粒自形-半自形结构，块状构造、浸染状构造、条带状构造。其成矿环境为洋中脊扩张环境，近东西向展布的雅鲁藏布江缝合带是控制含矿超镁铁岩分布的大型构造带，成矿时代为侏罗纪-白垩纪（辉长-辉绿岩 Sm-Na 发：177+31Ma）。典型矿床为罗布莎铬铁矿。

罗布莎铬铁矿与“罗布莎岩体”密切相关，罗布莎岩体呈近东西向展布，东西长约 43 千米，南北宽为 1 ～ 2 千米，中部最宽处达 3.75 千米，面积约 70 平方千米，平面上呈反“S”形展布。岩体总体走向近东西向，向南倾，延深大于 800 米。北侧，岩体逆冲在白垩系和第三系砾岩之上，南侧与上三叠统复理石地层断层接触。

西藏大部分超基性岩地区仍属于空白区，尚未开展过系统的铬矿勘查及评价工作。

预测区 2000 米以浅铬铁矿预测资源量为 8315 千吨，累计查明资源储量为 5682 千吨。

预测区面积为 11788.5 平方千米。

3. 甘肃大道尔吉3级预测区（岩浆岩型铬铁矿）

大道尔吉铬矿预测区处于甘肃省西部祁连山西端，属肃北县管辖。从 312 国道瓜州到肃北县城有省级公路相通，肃北县到矿区有简易公路。预测区地理坐标：东经 95°35′00″～96°37′00″；北纬 39°02′00″～39°20′00″。

预测区大地构造位于秦祁昆造山系、中-南祁连祁连弧盆系、中祁连岩浆弧，仅图区西南部属于党河南山-拉脊山蛇绿混杂岩带。在中祁连岩浆弧野马南山基底杂岩带单元内，由北大河岩群构成中深变质陆核，长城系等构成浅变质岩系，并与变质陆核共同构成了野马南山结晶基底，在结晶基底之上，覆盖有上古生界、中生界和新生界组成的基底盖层。

区域地层主要为元古界和新生界，上古生界和中生界零星分布。属于南祁连地层分区的地层主要为早古生代地层和新生界。

预测区岩浆活动较强，火山岩及侵入岩均有产出，但以后者为主。侵入岩主要为加里东期壳源中酸性花岗岩，以大岩基、岩株群分布于预测区中部。其次是时代归属尚有争议的基性-超基性岩，呈岩墙、岩株或岩瘤状产出，有加里东中期、晚古生代等方案，本项目中超基性岩体时代采取加里东中期。主要岩体大道尔吉-小道尔吉超基性杂岩即为本预测区的主要目标层。

大道尔吉预测区铬矿成矿地质环境为早古生代大洋中脊。

典型矿床为大道尔吉式蛇绿岩型铬铁矿。

预测区 2000 米以浅铬铁矿预测资源量为 5409. 0702 千吨，累计查明资源储量为 2005. 1 千吨。

4. 青海大水沟 3 级预测区（蛇绿岩型铬铁矿）

预测区涉及的 1 ∶ 25 万标准分幅的图幅主要有嘉峪关幅（J47C001002）、张掖市幅（J47C002003）、托莱牧场幅（J47C002002）等三幅。拐点坐标：99°37′00″～38°29′00″，99°37′00″～38°15′00″，98°14′00″～38°55′00″。

预测区是青海省较为重要的铬矿分布地区和成矿带之一。本带的成矿前提是广泛分布在青海省北部祁连地区的加里东期基性、超基性岩（全蛇纹石化纯橄岩、全蛇纹石化斜辉辉橄岩、全蛇纹石化单辉橄岩、蛇纹岩、辉石岩、单辉辉橄岩等），围岩地层主要是阴沟组、扣门子组和黑刺沟组。该类矿床成因类型以蛇绿岩型矿床为主。成矿条件必须具备有超基性侵入岩体等条件。

主体区域涉及三级构造单元为走廊南山岛弧带（Ⅳ-1-2，∊-O），少量涉及北祁连蛇绿混杂岩带（Ⅳ-1-3，O-S）和走廊弧后盆地（Ⅳ-1-1，O-S），南侧有少量区域处于中-南祁连弧盆系（Ⅳ-2）的中祁连岩浆弧带（Ⅳ-2-1，O-D_1）。

预测区典型矿床为祁连县玉石沟铬铁矿。

预测区 2000 米以浅铬铁矿预测资源量为 1298. 8 千吨，累计查明资源储量为 396 千吨。

预测区面积为 470 平方千米。

5. 内蒙古沃勒哈图 3 级预测区（岩浆岩型铬铁矿）

预测区位于内蒙古自治东乌珠穆沁旗、西乌珠穆沁旗和阿巴嘎旗三旗交界处，阿巴嘎旗境内，地理坐标：① 东经 115°30′00″，北纬 44°05′00″；② 东经 115°30′00″，北纬 45°00′00″；③ 东经 116°30′00″，北纬 45°00′00″；④ 东经 116°30′00″，北纬 45°10′00″；⑤ 东经 117°15′00″，北纬 45°10′00″；⑥ 东经 117°15′00″，北纬 44°40′00″；⑦ 东经 116°30′00″，北纬 44°40′00″；⑧ 东经 116°30′00″，北纬 44°20′00″。

大地构造位置为Ⅰ天山-兴蒙造山系、I-I 大兴安岭弧盆系、I-I-5 二连-贺根山蛇绿混杂岩带（Pz2）。本区位于Ⅰ-4：滨太平洋成矿域（叠加在古亚洲成矿域之上）；Ⅱ-12：大兴安岭成矿省；Ⅲ-6：东乌珠穆沁旗-嫩江（中强挤压区）CuMoPbZn AuWSnCr 成矿（Pt3 Vm-l Ye-m）（Ⅲ-48）、Ⅲ-6-②朝不愣—博克图 WFeZnPb 成矿亚带（V Y）与Ⅲ-7：阿巴嘎-霍林河 CrCu（Au）Ge 煤天然碱芒硝成矿带（Ym）、Ⅲ-7-⑤温都尔庙—红格尔庙铁成矿亚带（Pt）和Ⅲ-8：林西-孙吴 PbZnCuMoAu 成矿带（Vl、Il、Ym）、Ⅲ-8-①索伦镇—黄岗铁（锡）、铜、锌成矿亚带三者交界之处。成矿时期为泥盆纪。

在预测区内的超基性岩体中，已发现了大型铬铁矿一处，中型镍钴矿一处，小型矿床 5 处，矿点、矿化点 17 处。

预测区 2000 米以浅铬铁矿预测资源量为 3980. 4999 千吨，累计查明资源储量为 1523 千吨。

6. 陕西松树沟3级预测区（岩浆岩型铬铁矿）

预测区大地构造位置处于秦祁昆造山系之秦岭弧盆系，属商丹蛇绿混杂带（$Ⅳ_9{}^2$）。地层区划属秦岭地层区，出露地层主要为秦岭岩群、松树沟岩组等，出露岩体主要为中新元古生代二长花岗岩、超基性岩，早古生代超基性岩、辉长岩、闪长岩、花岗闪长岩、二长花岗岩。断裂为商丹构造带。属Ⅲ-66B南秦岭Au-Pb-Zn-Fe-Hg-Sb-RM-REE-V-蓝石棉-重晶石成矿带王家河-丰北河Au成矿亚带（Ⅳ-66B-4）。

商南县松树沟蛇绿岩型铬矿典型矿床特征。

预测区2000米以浅铬铁矿预测资源量为274.5886千吨，累计查明资源储量为202.665千吨。

7. 北京平顶山一带3级预测区（岩浆岩型铬铁矿）

预测区位于平顶山-放马峪-北石城一带，是北京市铬铁矿的主要产地，是寻找铬铁矿工作的重要地区。

构造位置位于密怀高级变质基底杂岩亚相。产于太古宙变质岩系内部的北东-北东东向超基性岩浆岩带中，构造线与区域片麻理近一致。区内超基性岩展布与北东向断裂关系密切。

区内岩体成群成带分布，组成超基性岩体群，部分岩体群长达4千米，具有成矿意义的仅为个别岩体。岩体产状受基底构造控制，呈北东-北北东向，与片麻理方向基本一致。区内铬铁矿多富集于超基性岩体中。

已知小型矿床2处及矿化点1处，矿床成因主要为早期岩浆矿床，成矿时代为太古代—早元古代，铬矿体主要赋存在超基性岩体的中下部及边部，矿体与岩体产状基本一致，空间分布、形态、规模及矿化受岩体底盘形态控制。

预测区2000米以浅铬铁矿预测资源量为973.5787千吨，累计查明资源储量为731.3231千吨。

8. 河南西峡县洋淇沟3级预测区（蛇绿岩型铬铁矿）

预测区位于秦祁昆造山系南、北秦岭的结合部位，以商丹（西官庄）断裂为界，北侧为北秦岭基底杂岩（岩浆弧），南侧主要为南秦岭中元古代—早古生代陆缘裂谷—弧前陆坡盆地。

预测区隶属秦祁昆地层区，以商丹（西官庄）断裂为界，分为北部的北秦岭地层分区蛇尾地层小区和南部的南秦岭地层分区西峡-东双河地层小区。蛇尾地层小区包括古元古界秦岭岩群的郭庄岩组和雁岭沟岩组、中元古界长城系峡河岩群的寨根岩组和界牌岩组、新元古界—下古生界丹凤岩群；西峡-东双河地层小区包括中—新元古界龟山岩组、上古生界泥盆系南湾组和上白垩统寺沟组。

典型矿床为河南西峡县洋淇沟铬铁矿。

预测区2000米以浅铬铁矿预测资源量为973.5787千吨，累计查明资源储量为22.389千吨。

9. 河北毛家厂3级预测区（岩浆岩型铬铁矿）

预测区位于河北省东北部，行政区划隶属遵化市、兴隆县和迁西县。地理坐标：东经117°45′00″～118°10′00″，北纬40°07′00″～40°23′00″，涉及1∶5万图幅6个，面积约1500平方千米。

预测区位于一级构造单元华北陆块区，二级构造单元为晋冀古陆块，三级构造单元为迁西陆核。

以发育多期褶皱和韧性剪切带为特征。早期变形发生在石门岩墙侵位之前，形成了规模巨大的近南北向褶皱构造。这次构造活动不仅使遵化岩群产生同斜紧密褶皱，使迁西片麻岩套和汉儿庄片麻岩套变质深成岩，产生近南北向区域性面理，而且也使迁西岩群和曹庄岩组早期形成的面理，再次发生近南北向的紧密同斜片褶。该期褶皱方向在喜峰口断裂带以北，由近南北向转为北东—北东东向。晚期变形作用发生于新太古代末期，主要特点有二：其一是褶皱构造不强烈，主要是形成一些开阔的斜跨片理褶皱，叠加于第三期褶皱或片褶之上，轴面近直立，枢纽走向北西西向，并使新太古末期花岗质变质深成岩产生近东西向面理（片麻理）。其二是形成了一些大型或较大型北东或北北东向韧性剪切带。

含矿主要岩石类型有蛇纹岩、蛇纹石化纯橄岩、辉橄岩、橄榄岩、橄辉岩和辉石岩等，各类岩石之间多为相变关系，矿体赋存于蛇纹岩、蛇纹石化纯橄岩、辉橄岩、橄榄岩岩相中，铬铁矿体大都成平行板状离异体产于岩体的中、下部。晚古生代铬铁矿含矿化岩石主要为蛇纹石化纯橄岩、透闪石化辉石岩、闪辉岩等岩体，具有工业价值的只有产于纯橄岩体中的铬铁矿。该类岩体仅见于沿尚义-平泉、大庙-娘娘庙深断裂分布的崇礼-承德超基性岩带。矿化带位于岩体膨大部分的中心相粗粒纯橄岩中，矿化带与岩体形态、岩相带的产状一致。

典型矿床为遵化市毛家厂铬铁矿矿床。

预测区 2000 米以浅铬铁矿预测资源量为 899.98 千吨，累计查明资源储量为 400.306 千吨。

10. 吉林小绥河 3 级预测区（岩浆岩型铬铁矿）

预测区大地构造位置位于天山-兴蒙-吉黑造山带（Ⅰ1）、小兴安岭-张广才岭弧盆系（Ⅱ3）、小顶山-张广才岭-黄松裂陷槽（Ⅲ2）、双阳-永吉-蛟河上叠裂陷盆地（Ⅳ3）。区内构造以东西-北东东向断裂构造为主，近南北向次之。山河-榆木桥子 AuAgMoCuFePbZn 成矿带（Ⅳ5）、大绥河 CuFe 找矿远景区（Ⅴ13）。矿床赋存于超基性岩体中，受深大断裂构造的影响，沿依兰—伊通深断裂的南缘活动带分布。成矿作用为岩浆融离型。推测成矿时代为华力西期。

典型矿床为吉林永吉小绥河铬铁矿。

预测区 2000 米以浅铬铁矿预测资源量为 49.2141 千吨，累计查明资源储量为 31 千吨。

11. 云南景东县坝塘-双沟 3 级预测区（岩浆岩型铬铁矿）

累计探明储量和预测资源量小，省略。

12. 辽宁建平县沙海 3 级预测区（岩浆岩型铬铁矿）

累计探明储量和预测资源量小，省略。

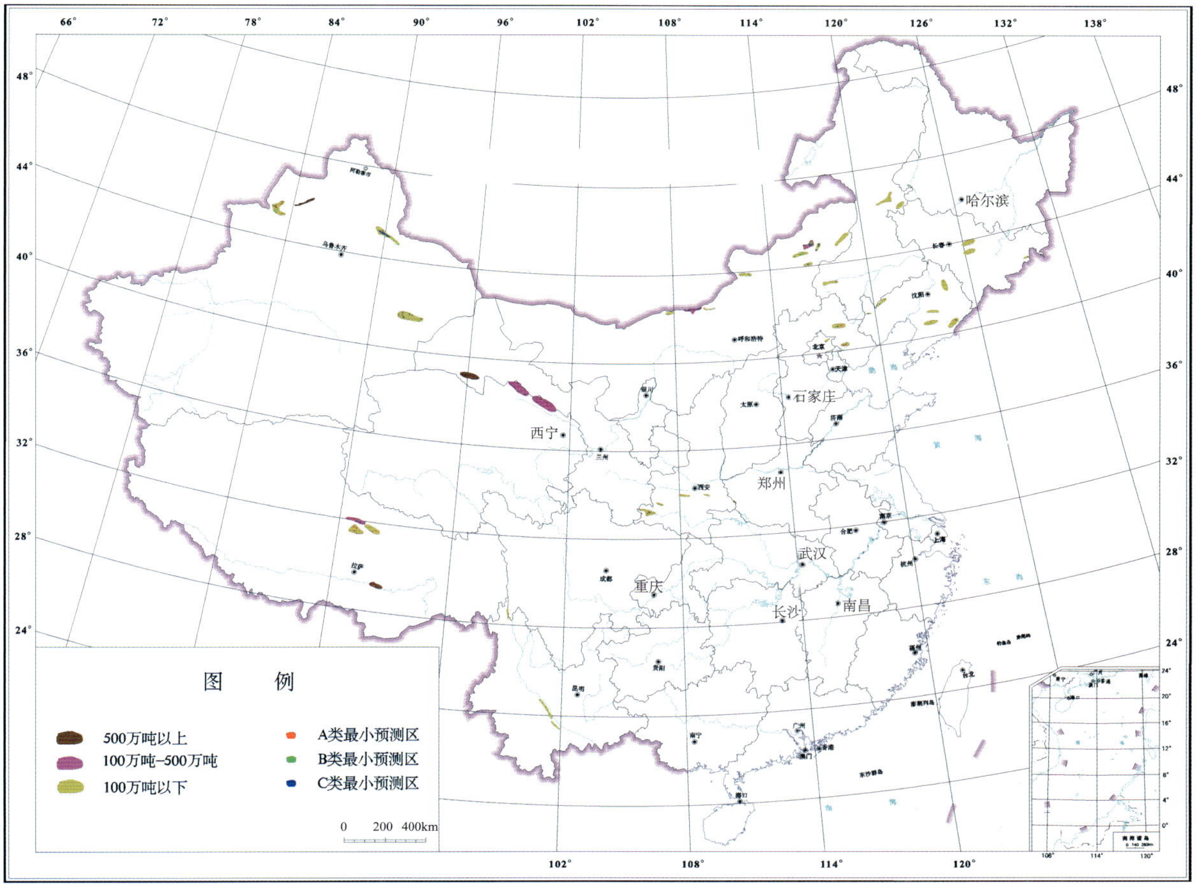

附图 1-1　全国铬铁矿 3 级预测区分布图

附表 1-1　全国铬铁矿 3 级预测区一览表

编号	3 级预测区名称	已探明资源量	预测资源量（千吨）			矿产预测类型
			500 米以浅	1000 以浅	2000 米以浅	
1	萨尔托海 3 级预测区	2427.4241	23522.0898	23522.0898	23522.0898	蛇绿岩型铬铁矿
2	罗布莎 3 级预测区	5682	7106	8315	8315	蛇绿岩型铬铁矿
3	大道尔吉 3 级预测区	2005.1	2271.85	5409.0702	5409.0702	岩浆岩型铬铁矿
4	沃勒哈图 3 级预测区	1523	3980.4999	3980.4999	3980.4999	岩浆岩型铬铁矿
5	索伦山 3 级预测区	751.702	2202.49	2202.49	2202.49	岩浆岩型铬铁矿
6	夏尔曲 3 级预测区	400	1494	1494	1494	蛇绿岩型铬铁矿
7	大水沟 3 级预测区	396	1298.8	1298.8	1298.8	蛇绿岩型铬铁矿
8	上柳沟 3 级预测区	99	1134.2	1134.2	1134.2	蛇绿岩型铬铁矿
9	上窝铺-下哈叭沁 3 级预测区	396.09	990.4461	990.4461	990.4461	岩浆岩型铬铁矿
10	平顶山一带 3 级预测区	731.3231	973.5787	973.5787	973.5787	岩浆岩型铬铁矿
11	卡瓦布拉克 3 级预测区	11.3668	910.1181	910.1181	910.1181	蛇绿岩型铬铁矿
12	毛家厂 3 级预测区	400.306	899.98	899.98	899.98	岩浆岩型铬铁矿
13	清水 3 级预测区	22.4368	810.1898	823.6963	823.6963	蛇绿岩型铬铁矿
14	呼钦阿尔班格勒北 3 级预测区	0	725.64	725.64	725.64	岩浆岩型铬铁矿
15	万合永乡西柳林乡东 3 级预测区	256.22	681.3255	681.3255	681.3255	岩浆岩型铬铁矿
16	景东县坝塘-双沟 3 级预测区	1.18	467.63	467.63	467.63	岩浆岩型铬铁矿
17	阿尔登格勒庙 3 级预测区	0	393.37	393.37	393.37	岩浆岩型铬铁矿
18	乌斯尼黑 3 级预测区	0	376.45	376.45	376.45	岩浆岩型铬铁矿
19	松树沟 3 级预测区	202.665	23.2468	125.3873	274.5886	岩浆岩型铬铁矿
20	依拉山 3 级预测区	210	265	265	265	蛇绿岩型铬铁矿
21	德钦县苏鲁-双沟 3 级预测区	2	180.96	180.96	180.96	岩浆岩型铬铁矿
22	巴彦胡博嘎查东预测区	0	160.05	160.05	160.05	岩浆岩型铬铁矿
23	新平县安定-双沟 3 级预测区	4.68	123.17	123.17	143.93	岩浆岩型铬铁矿
24	道林沟南 3 级预测区	5.794	88.5447	131.4328	131.4328	岩浆岩型铬铁矿
25	盆湖 3 级预测区	23	130	130	130	蛇绿岩型铬铁矿
26	卡姆斯特 3 级预测区	6.7593	109.6979	120.2735	120.2735	蛇绿岩型铬铁矿
27	都贵音塔拉 3 级预测区	0	92.23	92.23	92.23	岩浆岩型铬铁矿
28	塔塔 3 级预测区	0	69.37	69.37	69.37	岩浆岩型铬铁矿
29	买卖滚东 3 级预测区	0	56.79	56.79	56.79	岩浆岩型铬铁矿
30	小绥河 3 级预测区	31	19.1338	49.2141	49.2141	岩浆岩型铬铁矿
31	新平县祝家寨-双沟 3 级预测区	0	42.52	42.52	42.52	岩浆岩型铬铁矿
32	草坪 3 级预测区	0	20.2655	40.4772	42.4984	岩浆岩型铬铁矿
33	楼房沟南 3 级预测区	29.0971	32.805	35.796	35.796	岩浆岩型铬铁矿

续表

编号	3级预测区名称	已探明资源量	预测资源量（千吨）			矿产预测类型
			500米以浅	1000以浅	2000米以浅	
34	东芒和屯3级预测区	12.606	30.22	30.22	30.22	岩浆岩型铬铁矿
35	西峡县洋淇沟3级预测区	25.036	5.208	18.098	22.389	蛇绿岩型铬铁矿
36	开山屯3级预测区	0	13.1927	21.1083	21.1083	岩浆岩型铬铁矿
37	乌兰吐3级预测区	0	15.91	15.91	15.91	岩浆岩型铬铁矿
38	头道沟3级预测区	0	7.9714	12.7542	12.7542	岩浆岩型铬铁矿
39	大山岔3级预测区	0	1.1576	1.33	1.33	岩浆岩型铬铁矿
40	建平县沙海3级预测区	0.132	0.2139	0.2139	0.2139	岩浆岩型铬铁矿
41	宽甸县土城子-宽甸县秋子湾3级预测区	0	0.1344	0.1344	0.1344	岩浆岩型铬铁矿
42	朝阳县刘家店村-北票洞子沟3级预测区	0	0.1057	0.1057	0.1057	岩浆岩型铬铁矿
43	开原市西南沟3级预测区	0	0.0617	0.0617	0.0617	岩浆岩型铬铁矿
44	鞍山市胡家庙村3级预测区	0	0.032	0.032	0.032	岩浆岩型铬铁矿
45	岫岩县南马峪3级预测区	0	0.0056	0.0056	0.0056	岩浆岩型铬铁矿

第二章　辽宁省铬铁矿资源潜力评价

一、概述

辽宁省铬矿分布于建平、铁岭、鞍山、宽甸、辽阳一带。矿床类型为岩浆岩型。

本次铬铁矿预测共划分 7 个 2 级预测区和 11 个最小预测区；全省累计查明铬铁矿资源量 0. 132 千吨，预测资源量 0. 5533 千吨。在预测铬资源量中，500 米以浅、1000 米以浅和 2000 米以浅均为 0. 5533 千吨。按照目前技术经济评价，在预测的铬资源量中，全部为不可利用资源量。

二、累计查明资源储量

截止到 2010 年年底，辽宁省累计查明资源储量 0. 132 千吨，预测资源为 0. 5533 千吨。

三、不同预测深度预测资源量

预测资源量按照深度进行统计，500 米以浅、1000 米以浅和 2000 米以浅预测资源量均为 0. 5533 千吨，如图 2-1 所示。

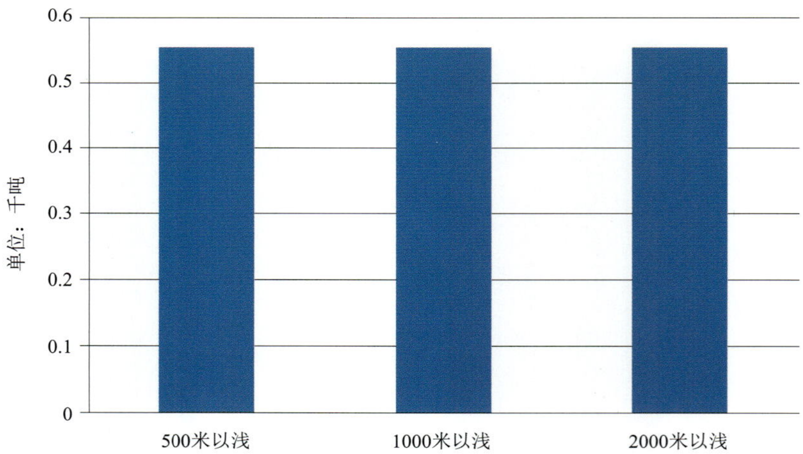

图 2-1　辽宁省铬铁矿不同预测深度预测资源量比照图

四、不同地质可靠程度预测资源量

预测资源量按地质可靠程度进行统计：辽宁省铬铁矿预测全部为 334-2 预测类型，如图 2-2 所示。

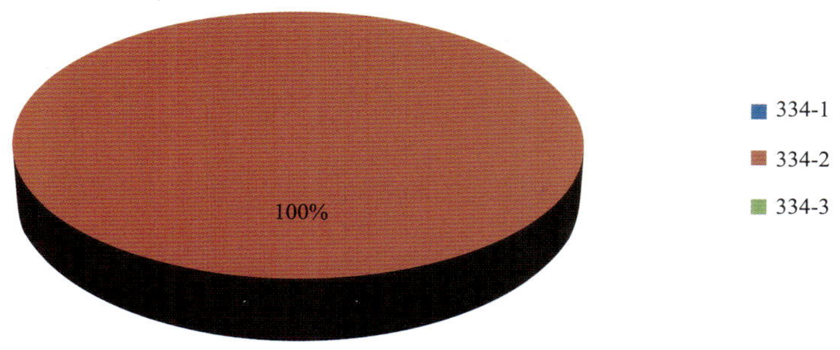

图 2-2　辽宁省不同地质可靠程度预测资源量比例图

五、不同利用程度预测资源量

预测资源量按不同利用程度进行统计：在预测的铬铁矿资源量中，全部为可利用资源量，如图 2-3 所示。

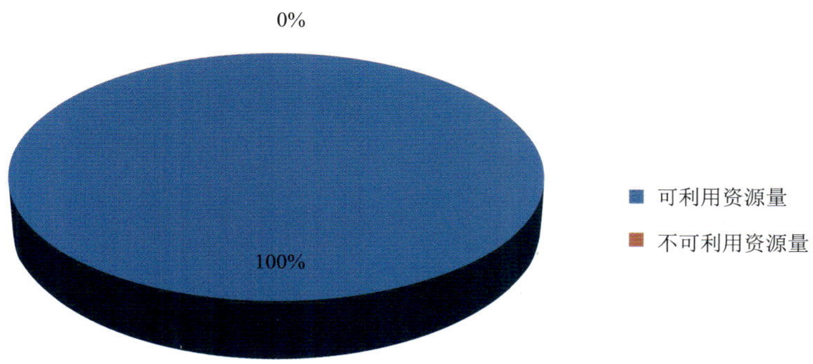

图 2-3　辽宁省铬矿不同利用程度预测资源量比例图

六、2 级预测区简述

辽宁省的 2 级预测区预测资源量均小于 100 万吨。

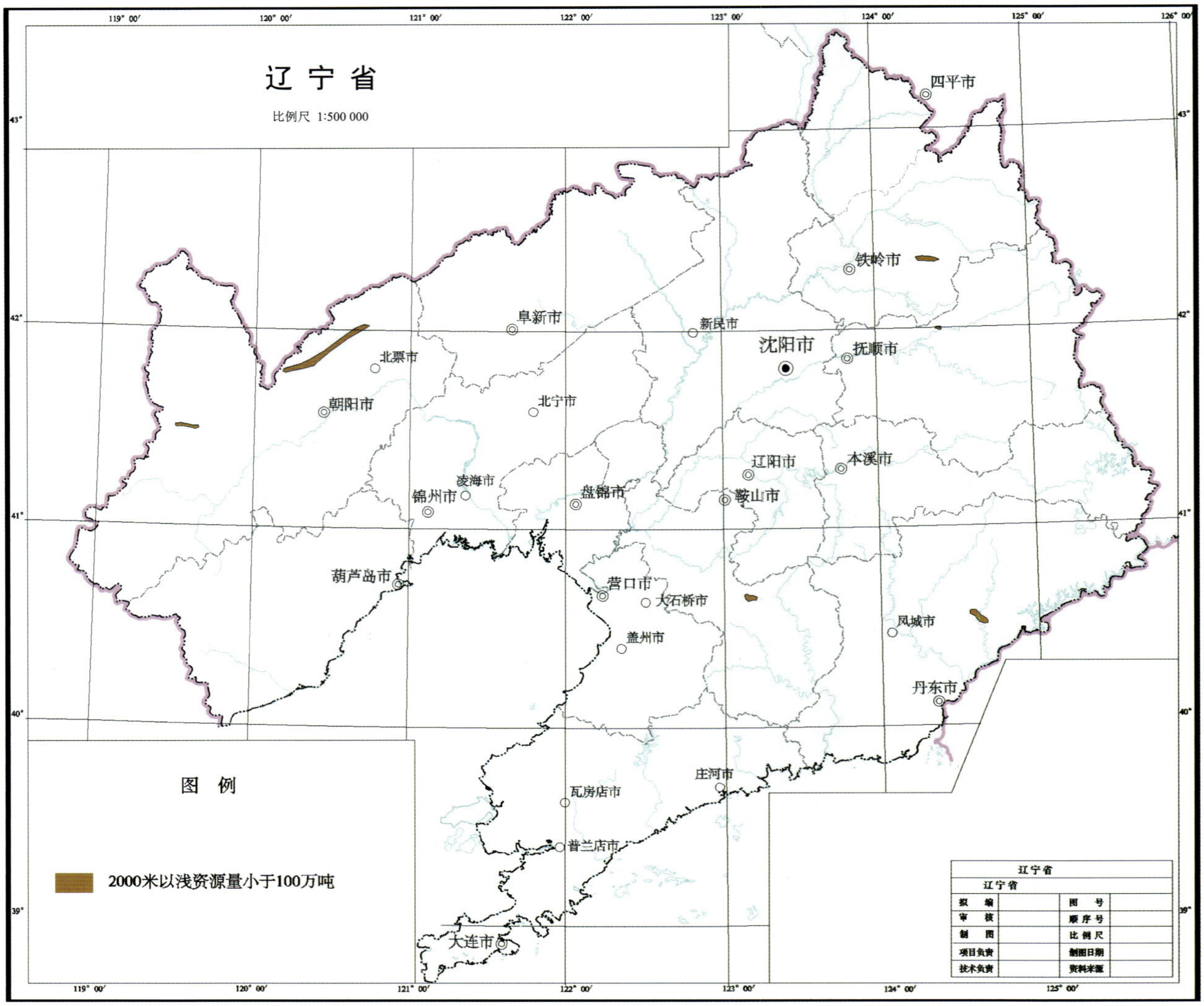

附图 2-1　辽宁省铬铁矿 2 级预测区分布图

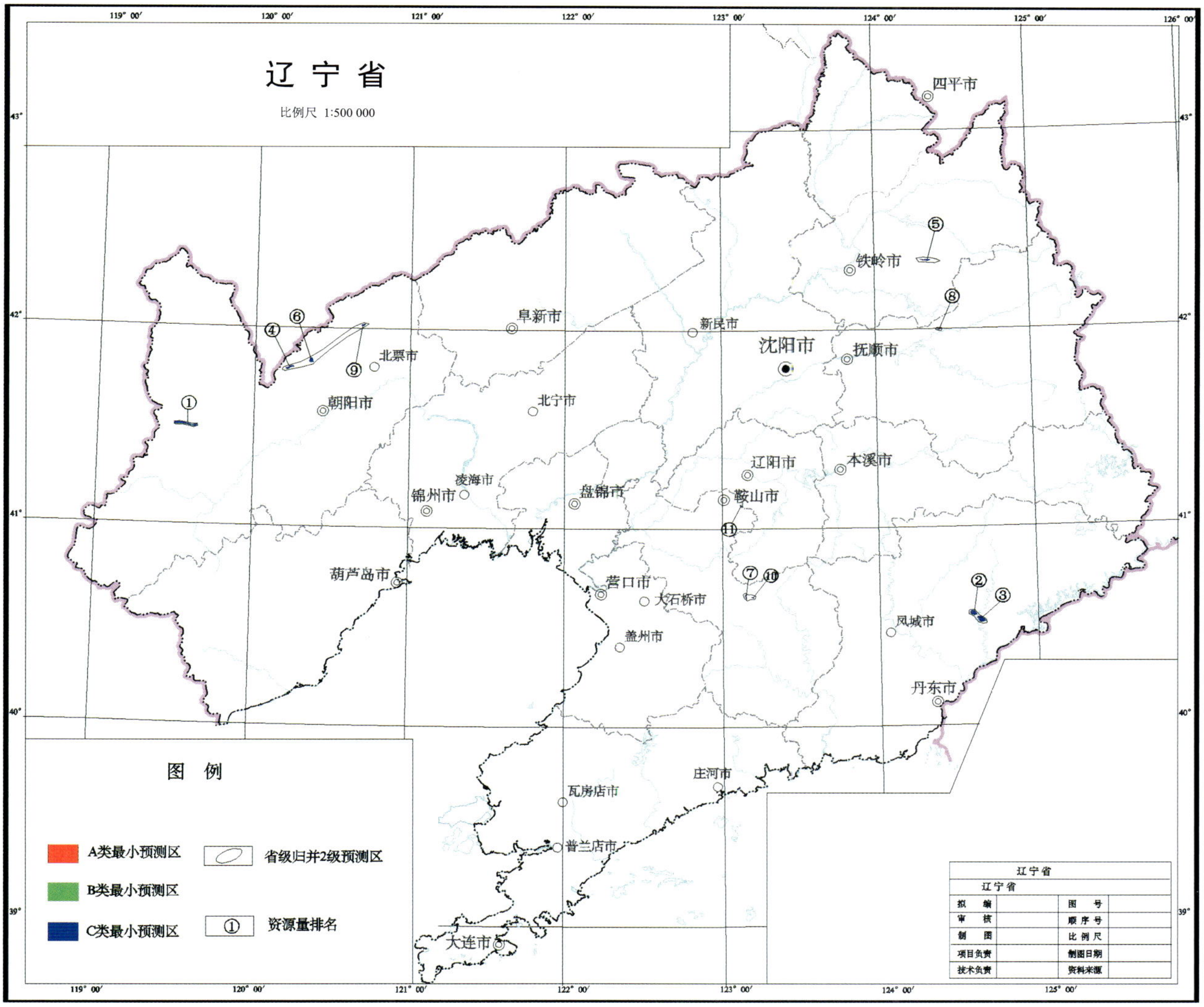

附图 2-2 辽宁省铬铁矿省级预测成果分布图

第三章　吉林省铬铁矿资源潜力评价

一、概述

吉林省铬铁矿床主要分布于吉中-延边地区。矿床类型只有岩浆岩型一种。

本次铬铁矿预测共划分了 3 个 2 级预测区和 3 个最小预测区。全省累计查明铬资源储量 31 千吨，预测铬资源量 83. 1 千吨。预测铬资源量中，500 米以浅 40. 3 千吨、1000 米以浅和 2000 米以浅均为 83. 1 千吨。按照目前技术经济评价，在预测的铬资源量中，全部为可利用资源量。

二、累计查明资源储量

截止到 2010 年年底，吉林省累计查明铬铁矿资源储量为 31 千吨，预测资源量为 83. 1 千吨。

三、不同预测深度预测资源量

预测资源量按照深度进行统计，500 米以浅预测资源量为 40. 3 千吨，1000 米以浅预测资源量为 83. 1 千吨，2000 米以浅预测资源量 83. 1 千吨，如图 3-1 所示。

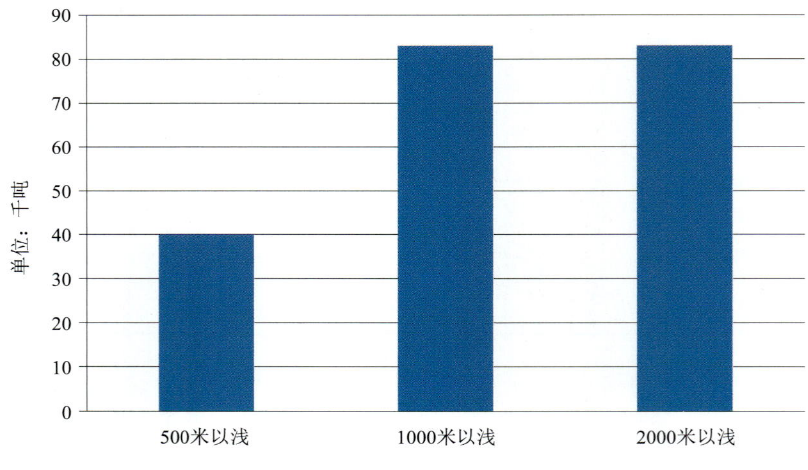

图 3-1　吉林省铬铁矿不同预测深度预测资源量比照图

四、不同地质可靠程度预测资源量

预测资源量按地质可靠程度进行统计，334-1 预测资源量为 49. 2 千吨，334-2 预测资源量为 33. 9 千吨，334-3 预测资源量为 0 吨，如图 3-2 所示。

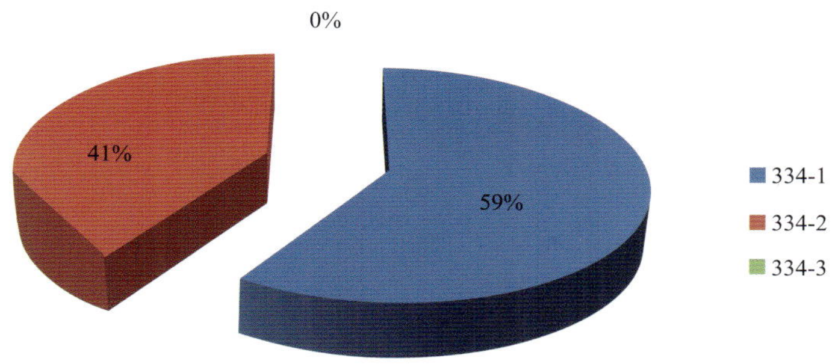

图 3-2　吉林省铬铁矿不同地质可靠程度预测资源量比例图

五、不同利用程度预测资源量

预测资源量按不同利用程度进行统计：在预测的铬资源量中，全部为可利用资源，如图 3-3 所示。

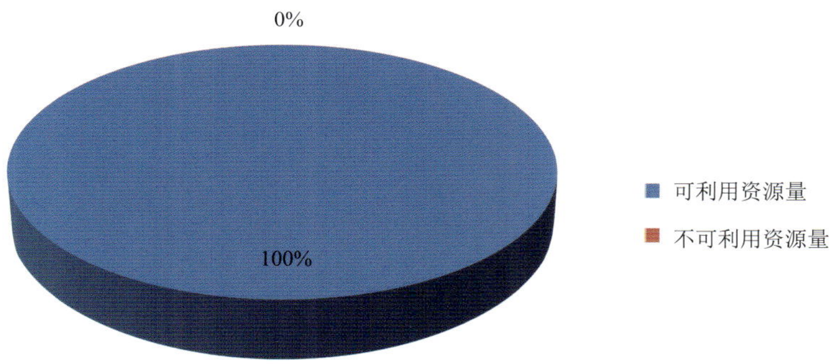

图 3-3　吉林省铬铁矿不同利用程度预测资源量比例图

六、2 级预测区简述

吉林省的 3 个 2 级预测区预测资源量均在 100 万吨以下，主要分布在吉林省的中东部地区。

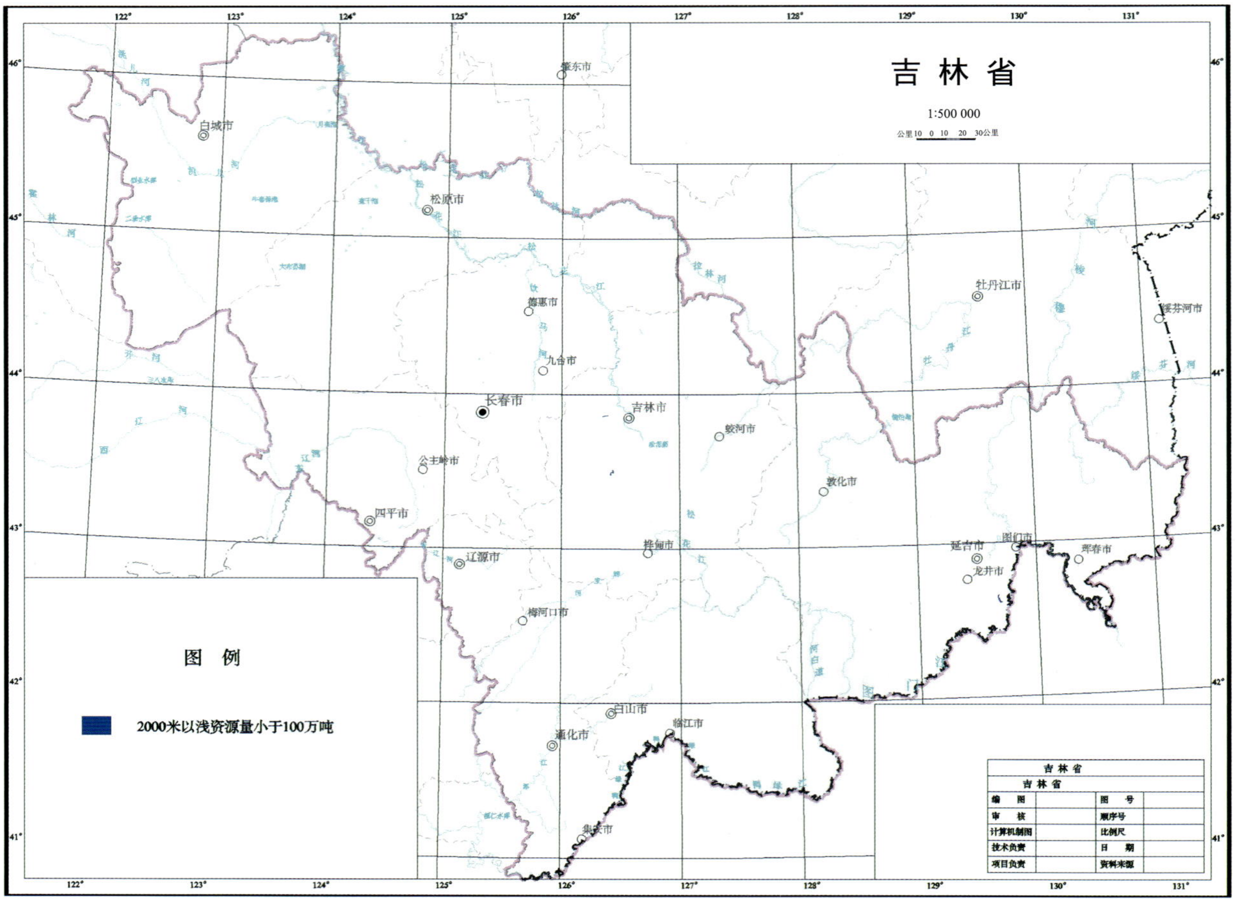

附图 3-1　吉林省铬矿 2 级预测区分布图

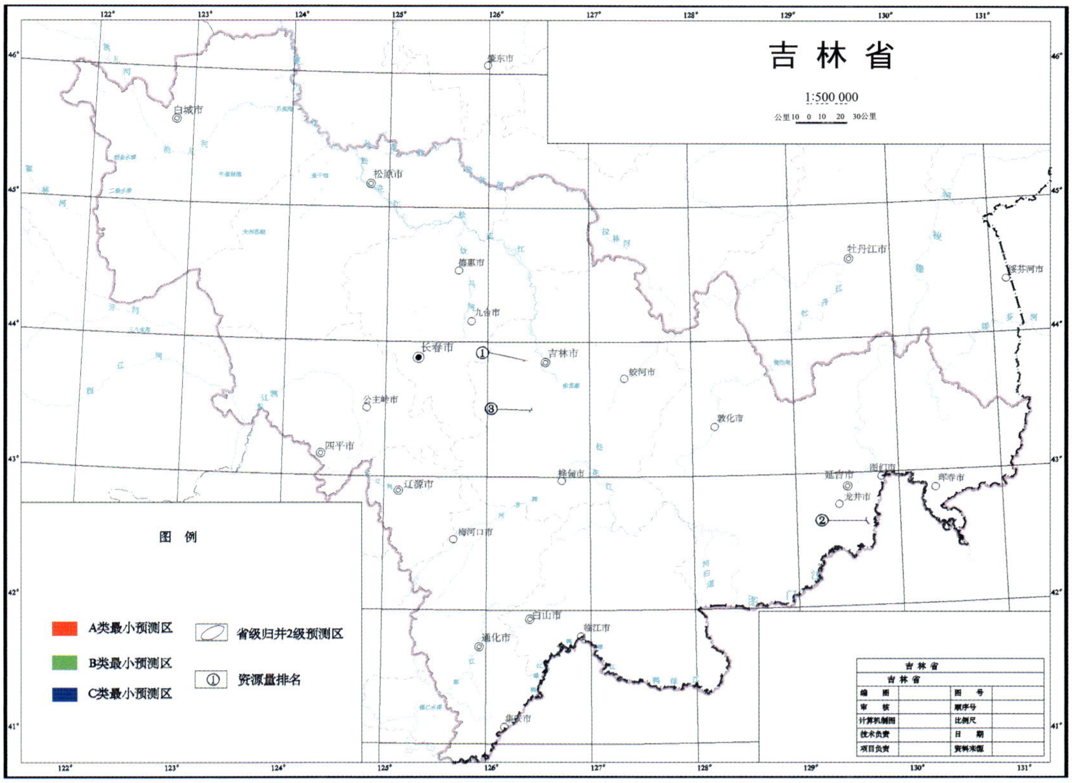

附图 3-2　吉林省铬矿省级预测成果分布图

第四章　河南省铬铁矿资源潜力评价

一、概述

河南省铬铁矿分布在河南省西南部，西陕县洋淇沟地区。矿床类型为蛇绿岩型。

本次铬铁矿预测共划分了 1 个 2 级预测区和 1 个最小预测区。全省累计查明铬资源储量 25 千吨，预测铬资源量 22.4 千吨。预测铬资源量中，500 米以浅预测资源量 5.2 千吨，1000 米以浅预测资源量 18.1 千吨，2000 米以浅预测资源量 22.4 千吨。按照目前技术经济评价，在预测的铬资源量中，全部为可利用资源量。

二、累计查明资源储量

截止到 2010 年年底，河南省累计查明铬资源储量为 25 千吨，预测资源量为 22.4 千吨。

三、不同预测深度预测资源量

预测资源量按照深度进行统计：500 米以浅预测资源量为 5.2 千吨，1000 米以浅预测资源量为 18.1 千吨，2000 米以浅预测资源量为 22.4 千吨，如图 4-1 所示。

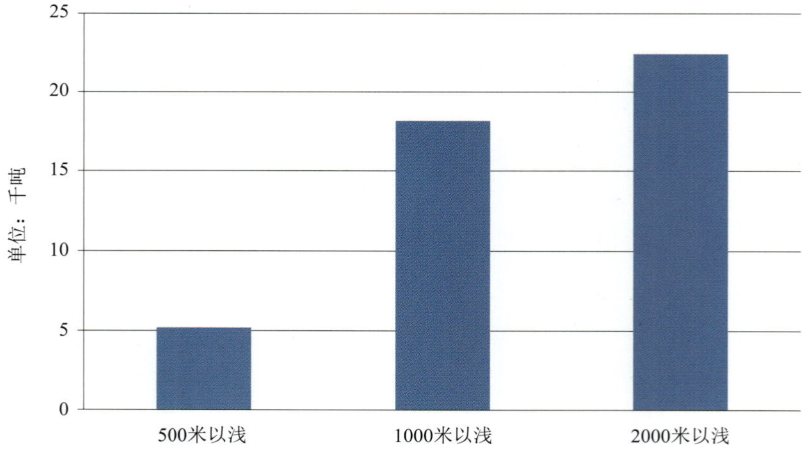

图 4-1　河南省铬铁矿不同预测深度预测资源量对比图

四、不同地质可靠程度预测资源量

预测资源量按地质可靠程度进行统计：334-1 预测资源量为 22.4 千吨，334-2 预测资源量为 0 吐，334-3 预测资源量为 0 吨，如图 4-2 所示。

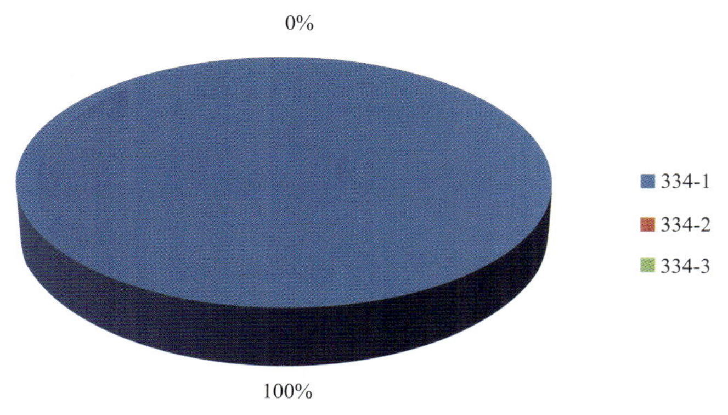

图 4-2　河南省铬矿不同地质可靠程度预测资源量比例图

五、不同利用程度预测资源量

预测资源量按不同利用程度进行统计：在预测的铬资源量中，可利用预测资源量 22.4 千吨；暂不可利用预测资源量 0 吨，如图 4-3 所示。

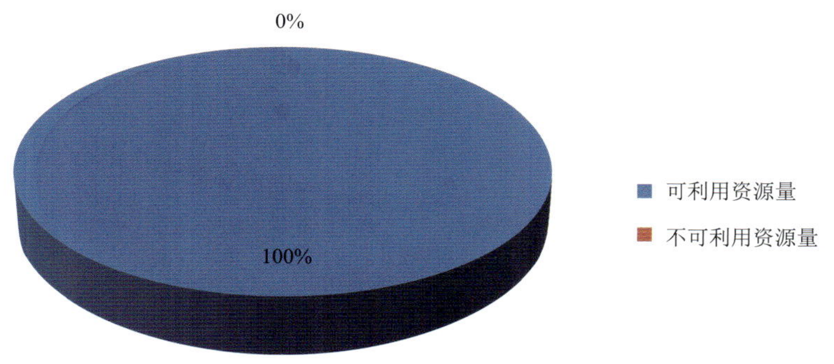

图 4-3　河南省铬矿不同利用程度预测资源比例图

六、2 级预测区简述

河南省只有 1 个铬最小预测区，相应有 1 个 2 级预测区。全部预测资源量只有 22.4 千吨。

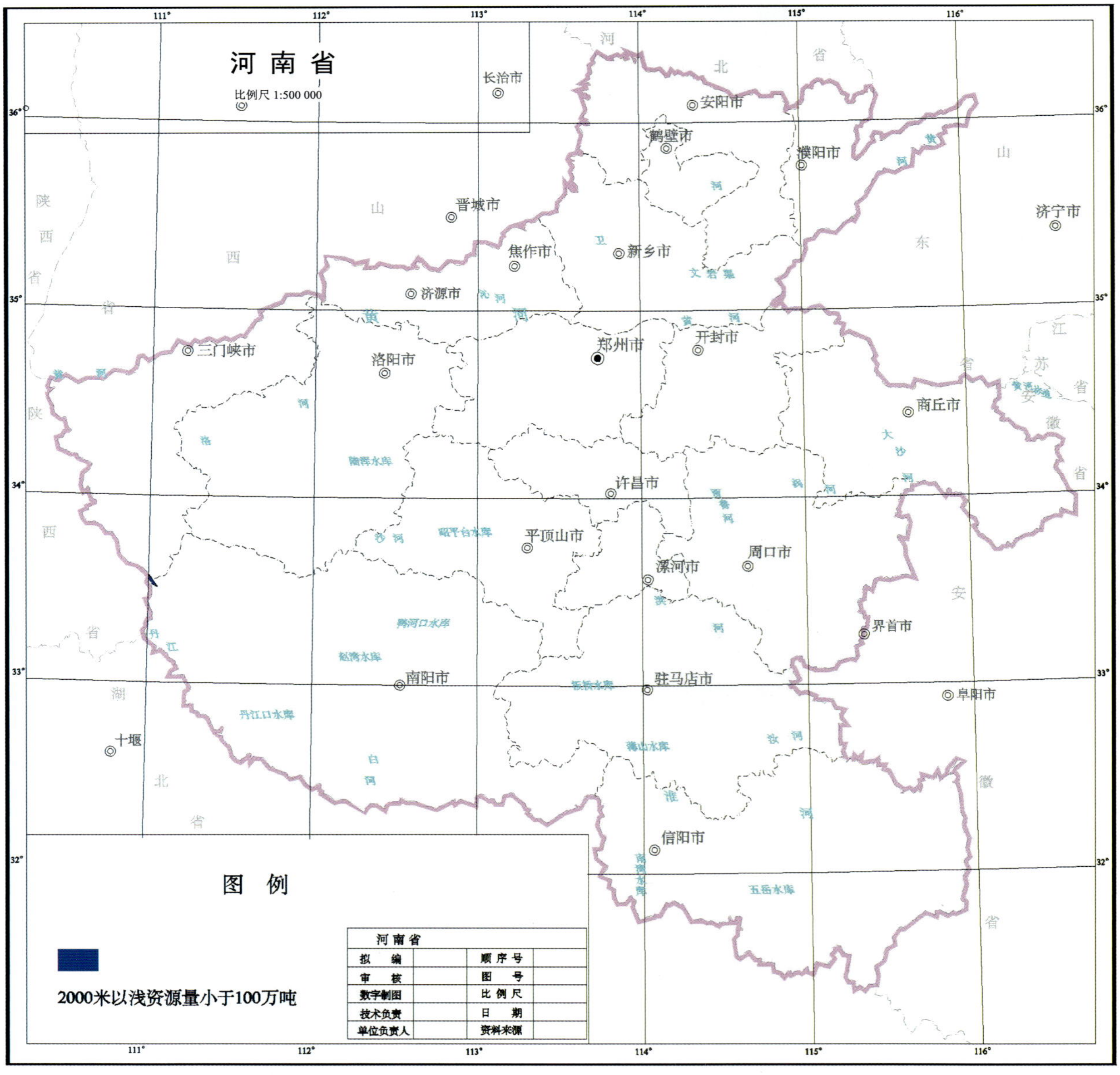

附图 4-1　河南省铬铁矿 2 级预测区分布图

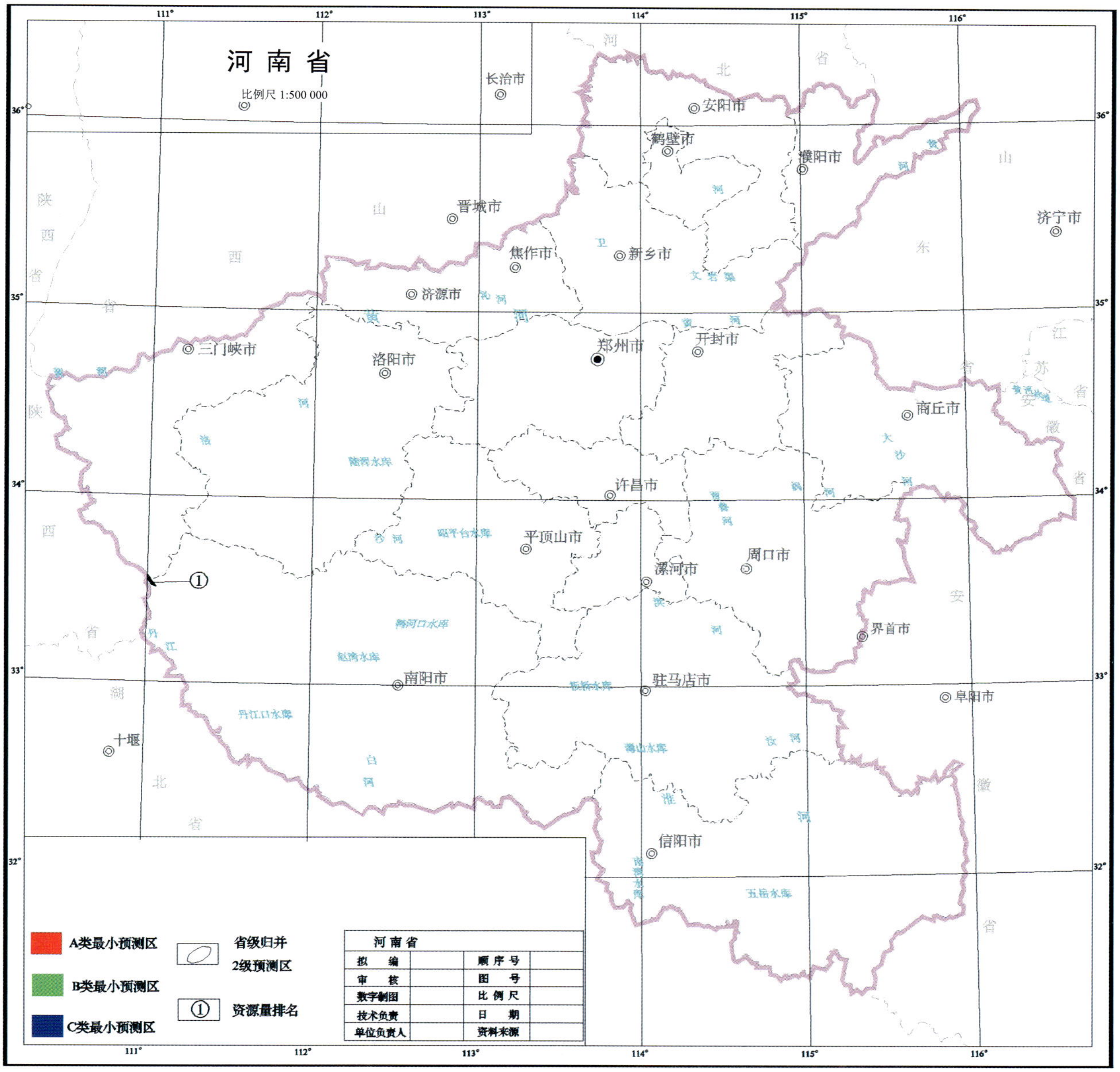

附图 4-2　河南省铬铁矿省级预测成果分布图

第五章　河北省铬铁矿资源潜力评价

一、概述

河北省铬铁矿分布在承德县和遵化市两个地区。矿床类型为岩浆岩型。

本次铬铁矿预测共划分了7个2级预测区和8个最小预测区。全省累计查明铬资源量796.4千吨，预测铬资源量1890.4千吨。在预测铬资源量中，500米以浅、1000米以浅和2000米以浅预测资源量均为1890.4千吨。按照目前技术经济评价，在预测的铬资源量中，全部为可利用资源量。

二、累计查明资源储量

截止到2010年年底，河北省累计查明资源储量为796.4千吨，预测资源量为1890.4千吨。

三、不同预测深度预测资源量

预测资源量按照深度进行统计：500米以浅预测资源量为1890.4千吨，1000米以浅预测资源量为1890.4千吨，2000以浅预测资源量为1890.4千吨，如图5-1所示。

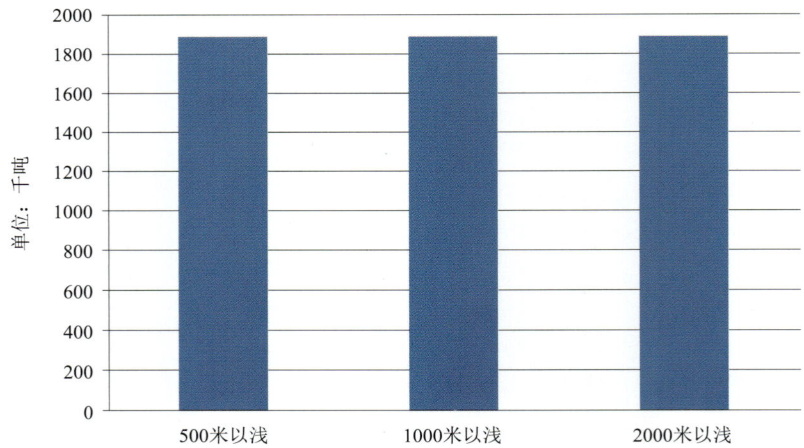

图5-1　河北省铬铁矿不同预测深度预测资源量对比图

四、不同地质可靠程度预测资源量

预测资源量按地质可靠程度进行统计：334-1预测资源量为1607.4千吨，334-2预测资源量为150.1千吨，334-3为132.9千吨，如图5-2所示。

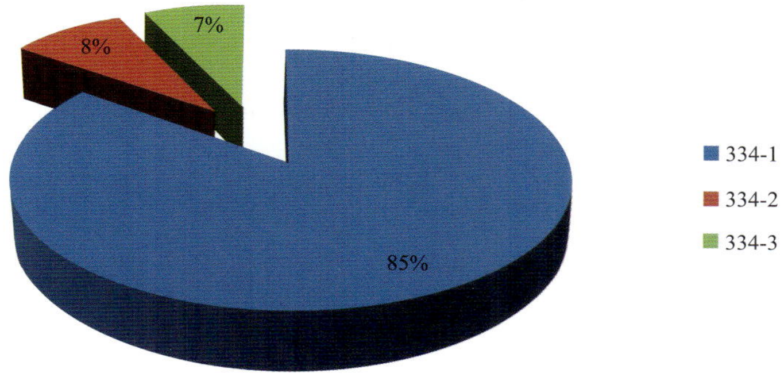

图 5-2　河北省铬铁矿不同地质可靠程度预测资源量比例图

五、不同利用程度预测资源量

预测资源量按不同利用程度进行统计：可利用预测资源量 1890.4 千吨，暂不可利用预测资源量 0 吨，如图 5-3 所示。

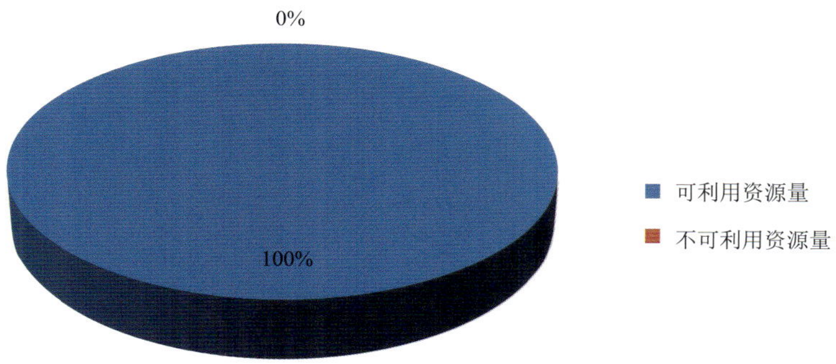

图 5-3　河北省铬铁矿不同利用程度预测资源量比例图

六、2 级预测区简述

河北省的 7 个 2 级预测区的预测资源量均在 100 万吨以下，分布在河北省东北部地区。

附图 5-1　河北省铬铁矿 2 级预测区分布图

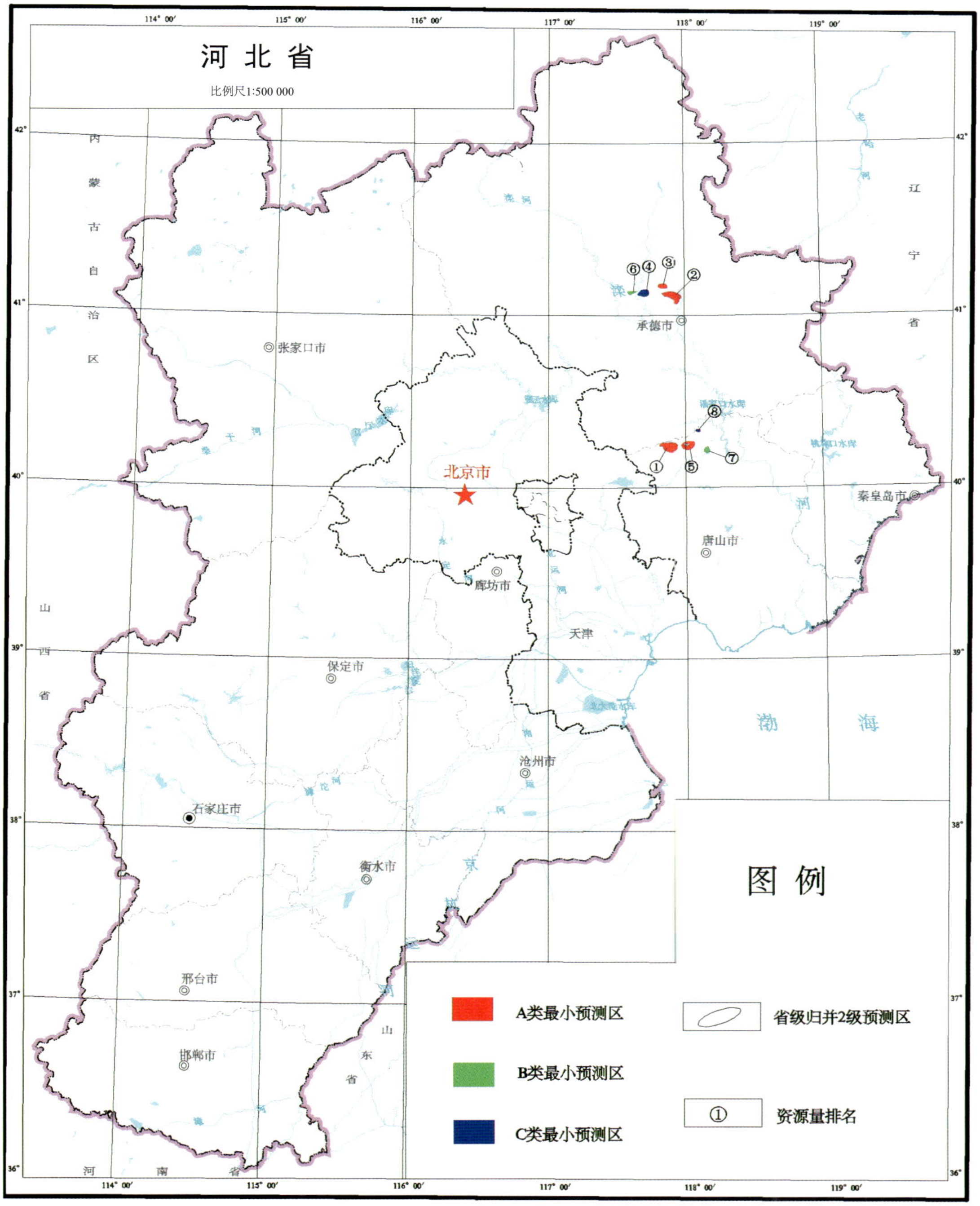

附图 5-2　河北省铬铁矿省级预测成果分布图

第六章　内蒙古自治区铬铁矿资源潜力评价

一、概述

内蒙古自治区铬铁矿主要集中分布在乌兰浩特、柯单山、二连浩特北部、浩雅尔洪克尔、哈登胡硕和索伦山等几个地区。矿床类型为蛇绿岩型，矿产预测类型为岩浆岩型。

本次铬铁矿预测共划分了42个2级预测区和91个最小预测区。全省累计查明铬资源储量2543.5千吨，预测铬资源量8784.3千吨，预测深度均在500米以浅。按照目前技术经济评价，在预测的铬资源量中，可利用的铬资源量7109.8千吨，暂不可利用的1674.5千吨。

二、累计查明资源储量

截止到2010年年底，内蒙古自治区查明资源储量为2543.5千吨，预测资源量8784.3千吨。

三、不同预测深度预测资源量

预测资源量按照深度进行统计：500米以浅预测资源量为8784.3千吨，1000米以浅预测资源量为8784.3千吨，2000米以浅预测资源量为8784.3千吨，如图6-1所示。

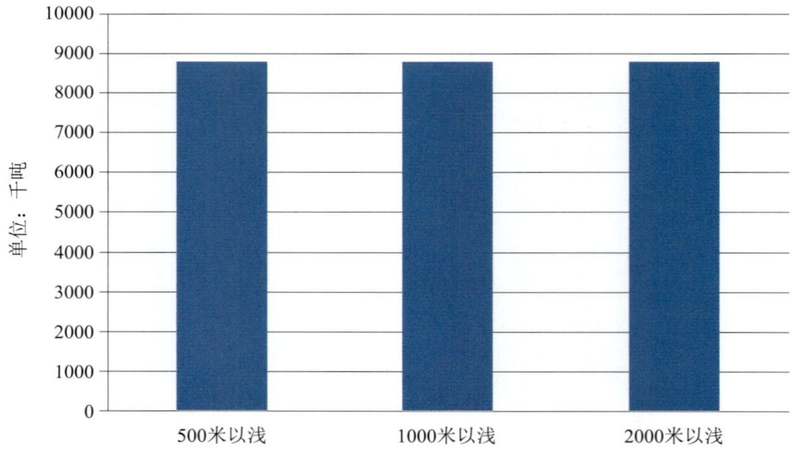

图6-1　内蒙古自治区铬铁矿不同预测深度预测资源量对比图

四、不同地质可靠程度预测资源量

预测资源量按地质可靠程度进行统计：334-1预测资源量为2201.1千吨，334-2预测资源量为4432千吨，334-3为2151.3千吨，如图6-2所示。

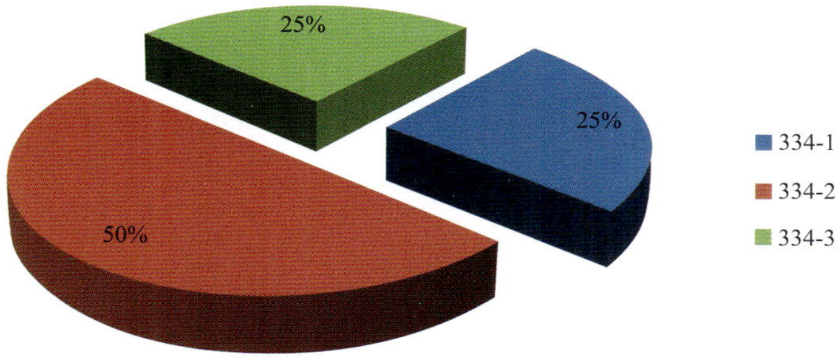

图 6-2　内蒙古自治区铬铁矿不同地质可靠程度预测资源量比例图

五、不同利用程度预测资源量

预测资源量按不同利用程度进行统计：可利用预测资源量 7109.8 千吨，暂不可利用预测资源量 1674.5 千吨，如图 6-3 所示。

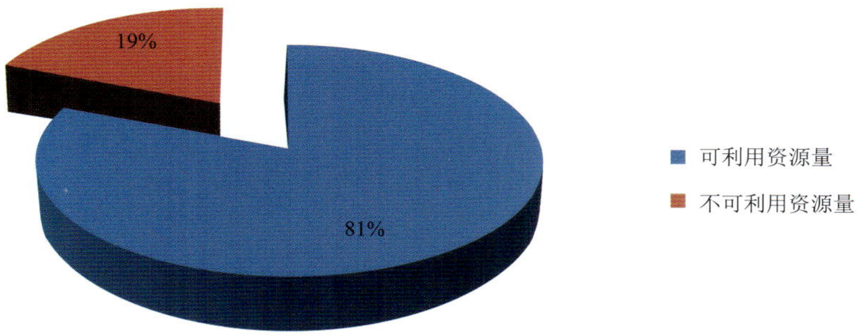

图 6-3　内蒙古自治区铬铁矿不同利用程度预测资源量比例图

六、2 级预测区简述

内蒙古自治区的 2 级预测区中，预测资源量大于 100 万吨的 2 级预测区有 2 个，100 万吨以下的 2 级预测区有 40 个。大于 100 万吨的铬铁矿预测区主要分布在内蒙古自治区的中部地区和西部地区。

附表 6-1　内蒙古自治区铬铁矿 2 级预测区一览表（中型以上）

序号	2 级预测区名称	A 类最小预测区	累计查明资源储量（矿石量，千吨）	预测资源量（矿石量，千吨）		
				500 米以浅	1000 米以浅	2000 米以浅
1	沃勒哈图三级归并区	巴彦图门嘎查西南；沃勒哈图；洪格尔嘎查东	0	2855.6599		
2	索伦山三级归并区	察汗胡勒；索伦山；两棵树	656.7020	1498.05		

附图 6-1　内蒙古自治区铬铁矿 2 级预测区分布图

附图 6-2　内蒙古自治区铬铁矿省级预测成果分布图

第七章　甘肃省铬铁矿资源潜力评价

一、概述

甘肃省铬铁矿主要集中分布在甘肃省西南部祁连山地区。矿床类型为蛇绿岩型。

本次铬铁矿预测圈定 3 个 2 级预测区和 5 个最小预测区。全省累计查明铬资源储量 2005. 1 千吨，预测铬资源量 5409. 1 千吨。预测铬资源量中，500 米以浅为 2271. 9 千吨、1000 米以浅和 2000 米以浅为 5409. 1 千吨。按照目前技术经济评价，在预测的铬资源量中，全部为可利用资源量。

二、累计查明资源储量

截止到 2010 年年底，甘肃省已查明资源储量为 2005. 1 千吨，预测资源量为 5409. 1 千吨。

三、不同预测深度预测资源量

预测资源量按照深度进行统计：500 米以浅 2271. 9 千吨，1000 米以浅 5409. 1 千吨，2000 米以浅 5409. 1 千吨，如图 7-1 所示。

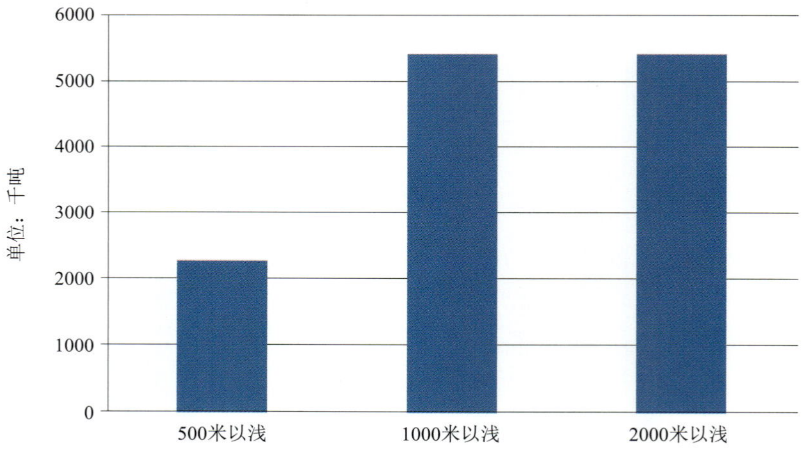

图 7-1　甘肃省铬铁矿不同预测深度预测资源量对比图

四、不同地质可靠程度预测资源量

预测资源量按地质可靠程度进行统计：334-1 预测资源量为 1806. 9 千吨，334-2 预测资源量为 2627. 1 千吨，334-3 预测资源量为 975. 1 千吨，如图 7-2 所示。

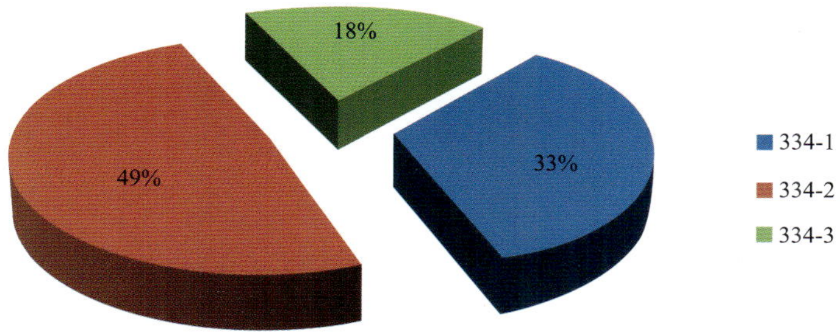

图 7-2　甘肃省铬铁矿不同地质可靠程度预测资源量比例图

五、不同利用程度预测资源量

预测资源量按不同利用程度进行统计：可利用预测资源量 5409.1 千吨，暂不可利用预测资源量 0 吨，如图 7-3 所示。

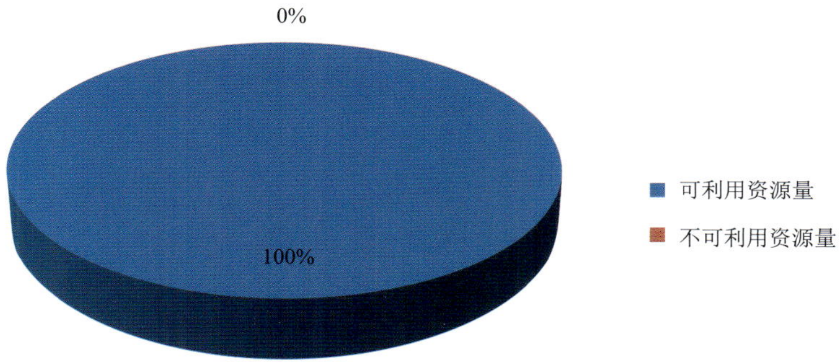

图 7-3　甘肃省铬铁矿不同利用程度预测资源量比例图

六、2 级预测区简述

甘肃省的 3 个 2 级预测区中，预测资源量大于 100 万吨的预测区有 1 个，其余两个 2 级预测区预测资源量均在 100 万吨以下。

附表 7-1　甘肃省铬铁矿 2 级预测区一览表（中型以上）

序号	2 级预测区名称	A 类预测区名称	累计查明资源储量（矿石量，千吨）	预测资源量（矿石量，千吨）		
				500 米以浅	1000 米以浅	2000 米以浅
1	大道尔吉一级归并区	大道尔吉侵入岩型铬铁矿 A 类预测区	2005.1	0	1806.8772	

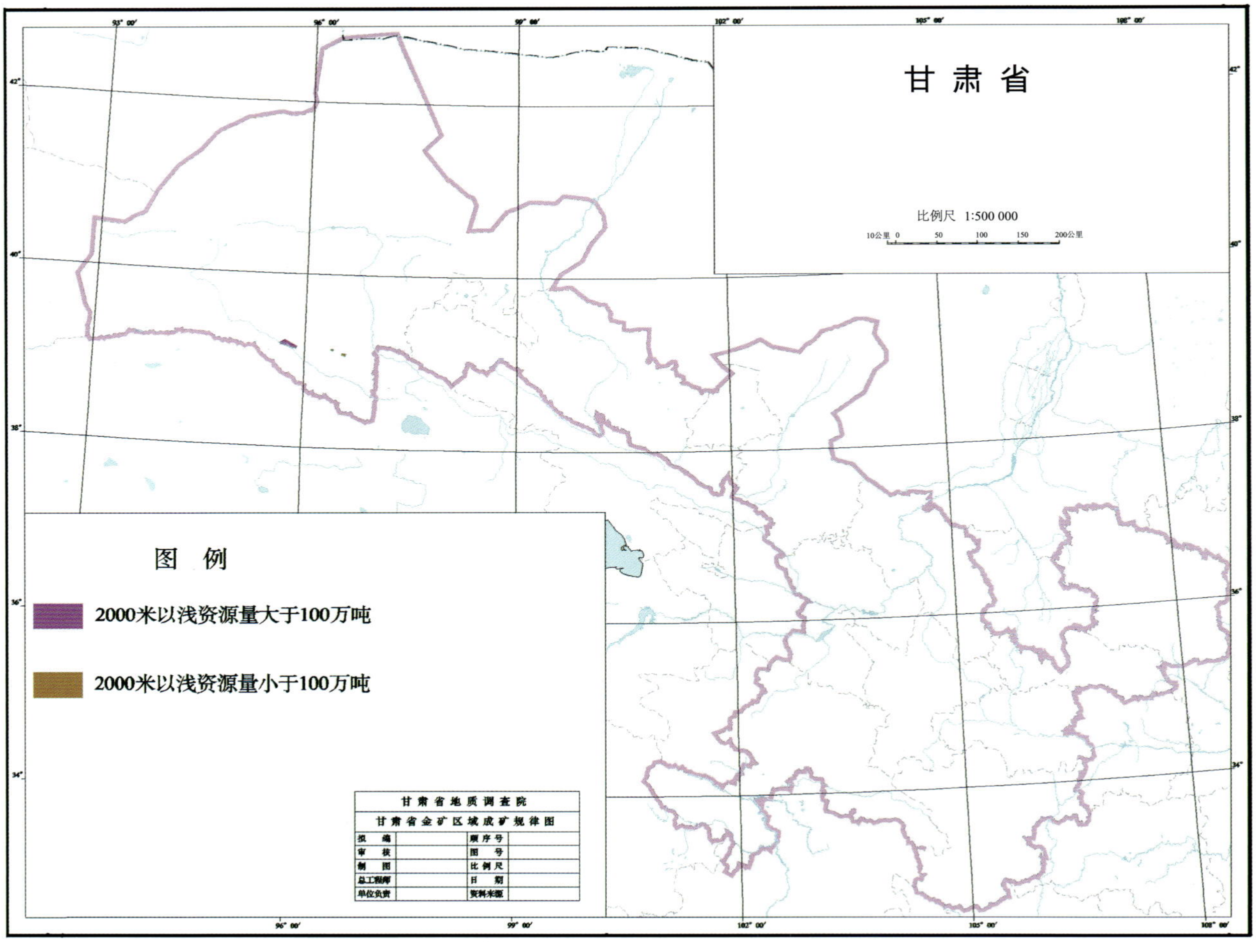

附图 7-1 甘肃省铬铁矿 2 级预测区分布图

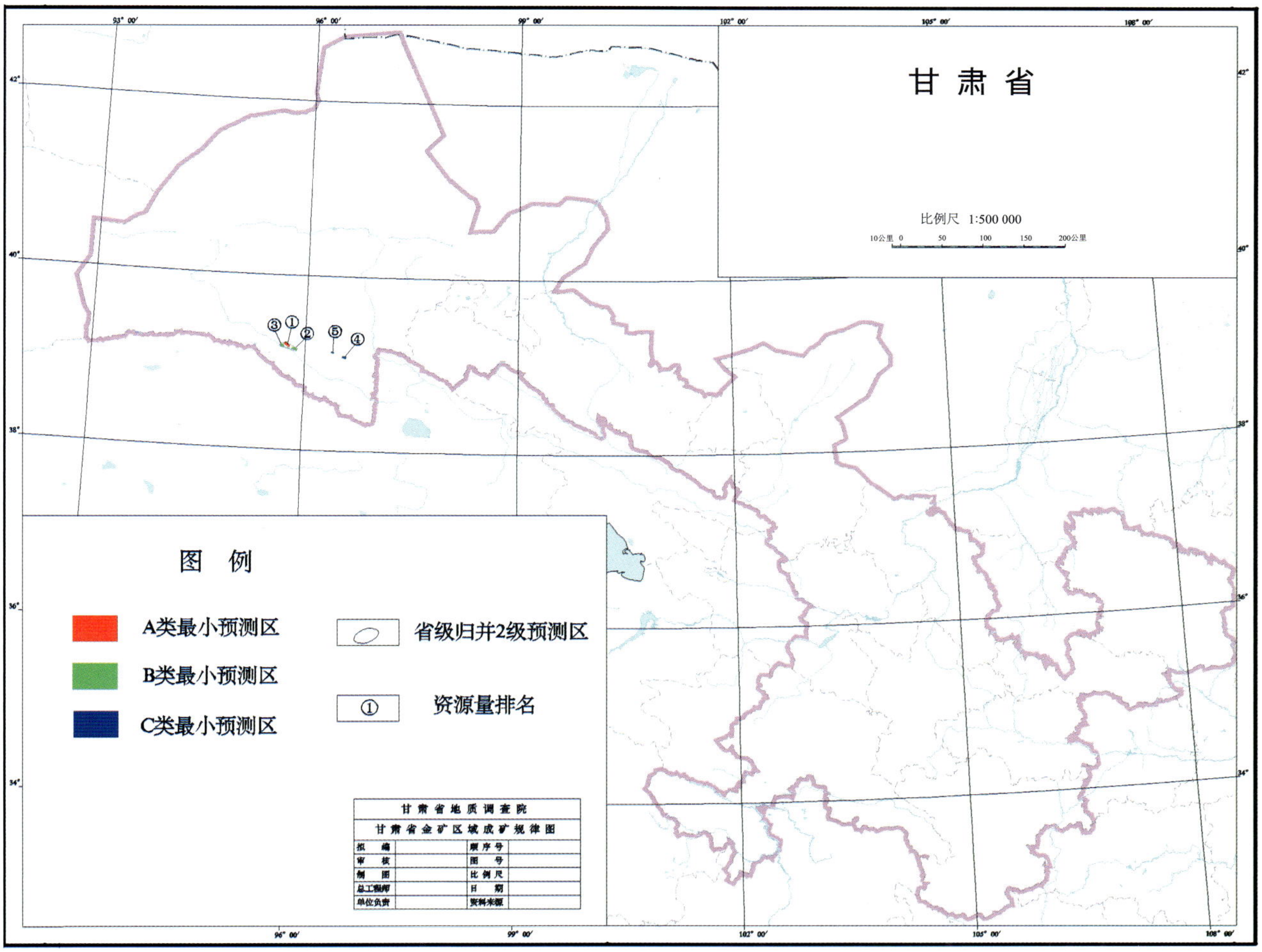

附图 7-2　甘肃省铬铁矿省级预测成果分布图

第八章　青海省铬铁矿资源潜力评价

一、概述

青海省铬铁矿主要集中分布于青海省北部的北祁连地区和柴北缘一带。矿床类型为蛇绿岩型。

本次铬铁矿预测共划分了10个2级预测区和34个最小预测区。全省累计查明铬资源储量99千吨，预测铬资源量1134.2千吨。预测铬资源量中，500米以浅、1000米以浅和2000米以浅预测资源量均为1134.2千吨。按照目前技术经济评价，在预测的铬资源量中，可利用的铬资源量173.3千吨，暂不可利用的960.9千吨。

二、累计查明资源储量

截止到2010年年底，青海省已查明资源储量为99千吨，预测资源量为1134.2千吨。

三、不同预测深度预测资源量

预测资源量按照深度进行统计：500米以浅预测资源量为1134.2千吨，1000米以浅预测资源量为1134.2千吨和2000米以浅预测资源量为1134.2千吨，如图8-1所示。

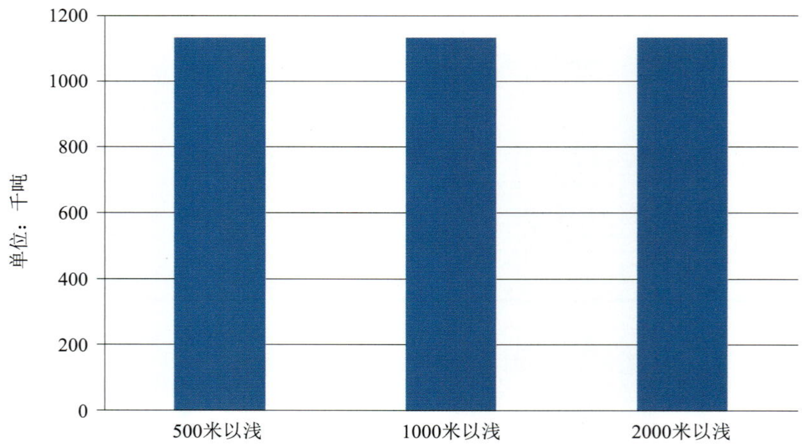

图8-1　青海省铬铁矿不同预测深度预测资源量比照图

四、不同地质可靠程度预测资源量

预测资源量按地质可靠程度进行统计：334-1预测资源量为173.3千吨，334-2预测资源量为0吨，334-3预测资源量为960.9千吨，如图8-2所示。

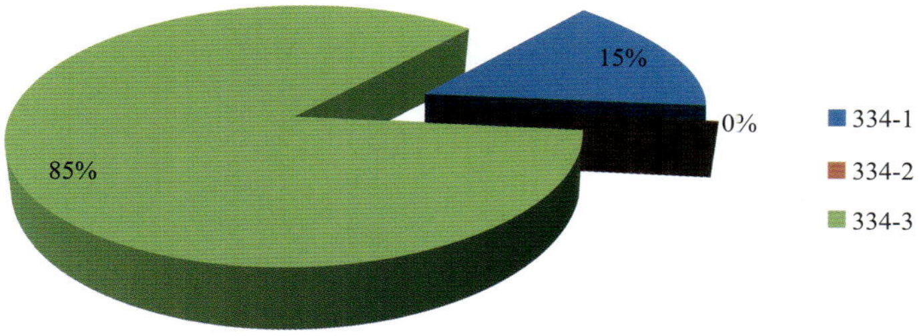

图 8-2　青海省铬铁矿不同地质可靠程度预测资源量比例图

五、不同利用程度预测资源量

预测资源量按不同利用程度进行统计：可利用预测资源量 173.3 千吨，暂不可利用预测资源量 960.9 千吨，如图 8-3 所示。

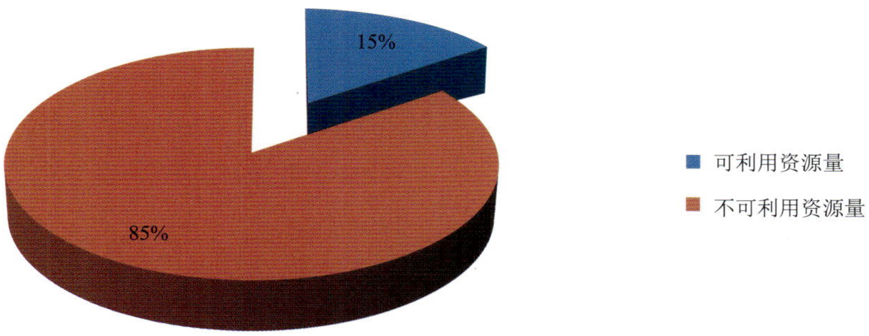

图 8-3　青海省铬铁矿不同利用程度预测资源量比例图

六、2 级预测区简述

青海省的 10 个 2 级预测区预测资源量均在 100 万吨以下。

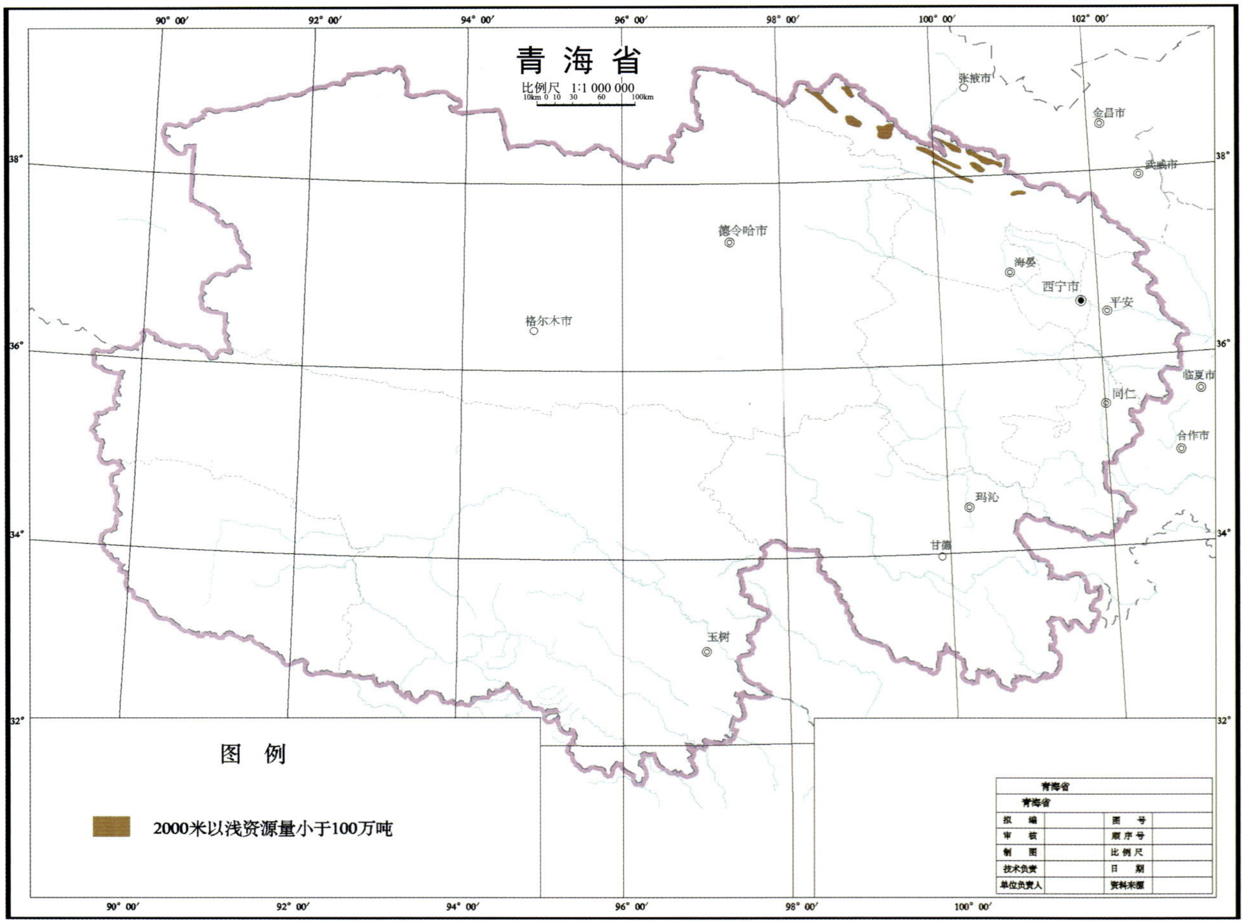

附图 8-1　青海省铬铁矿 2 级预测区分布图

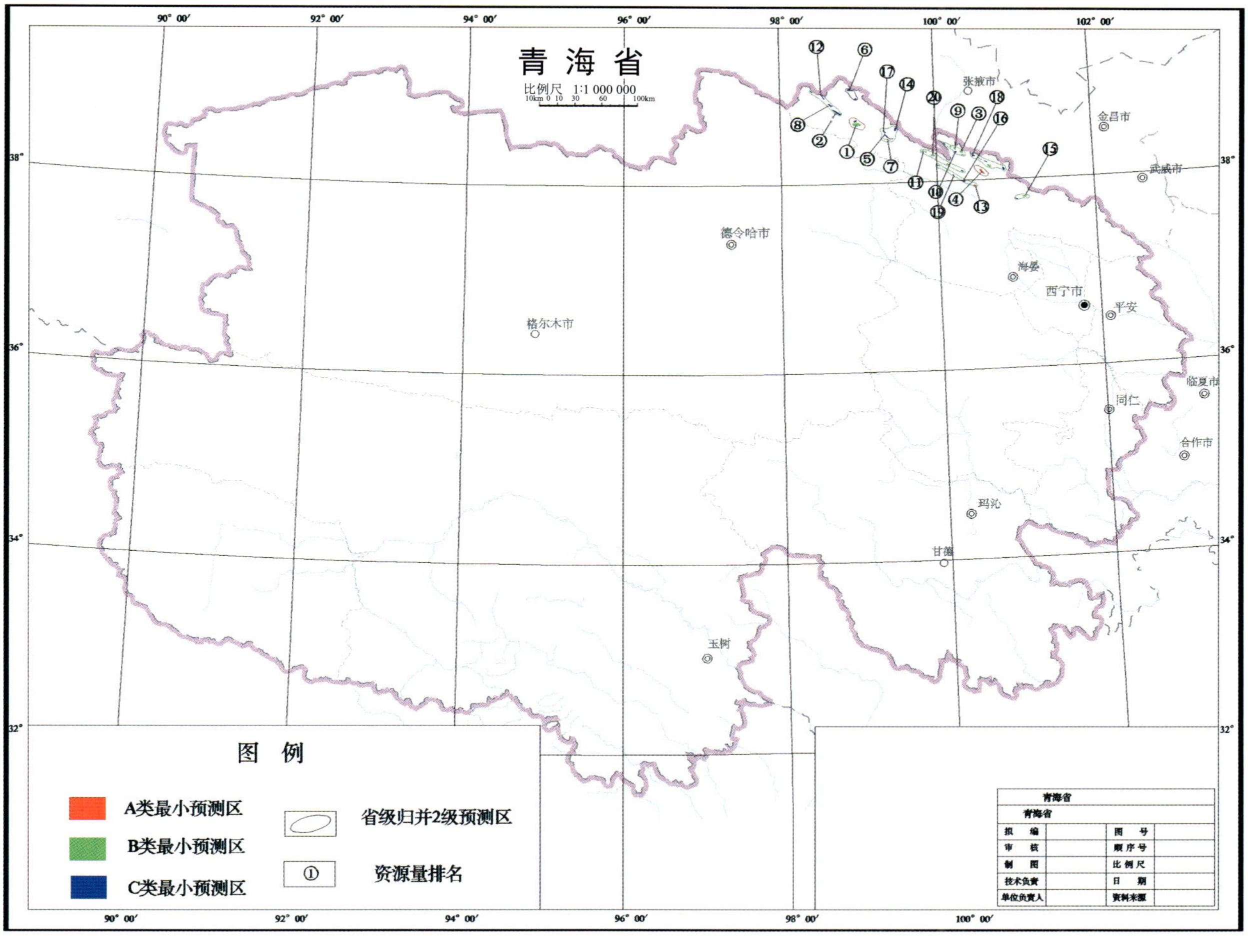

附图 8-2　青海省铬铁矿省级预测成果分布图

第九章　陕西省铬铁矿资源潜力评价

一、概述

陕西省铬铁矿主要集中分布在：汉中市、周至县、蓝田县、商南县等地区。预测类型为岩浆岩型。

本次铬铁矿预测共划分了 43 个 2 级预测区和 104 个最小预测区。全省累计查明铬资源储量 237. 6 千吨，预测铬资源量 485. 6 千吨。预测铬资源量中，500 米以浅 166 千吨，1000 米以浅 334. 4 千吨，2000 米以浅 485. 6 千吨。按照目前技术经济评价，在预测的铬资源量中，可利用资源量为 76. 6 千吨，不可利用资源量为 409 千吨。

二、累计查明资源储量

截止到 2010 年年底，陕西省累计查明资源储量为 237. 6 千吨，预测资源量为 485. 6 千吨。

三、不同预测深度预测资源量

预测资源量按照深度进行统计：500 米以浅预测资源量为 166 千吨，1000 米以浅预测资源量为 334. 4 千吨，2000 米以浅预测资源量为 485. 6 千吨，如图 9-1 所示。

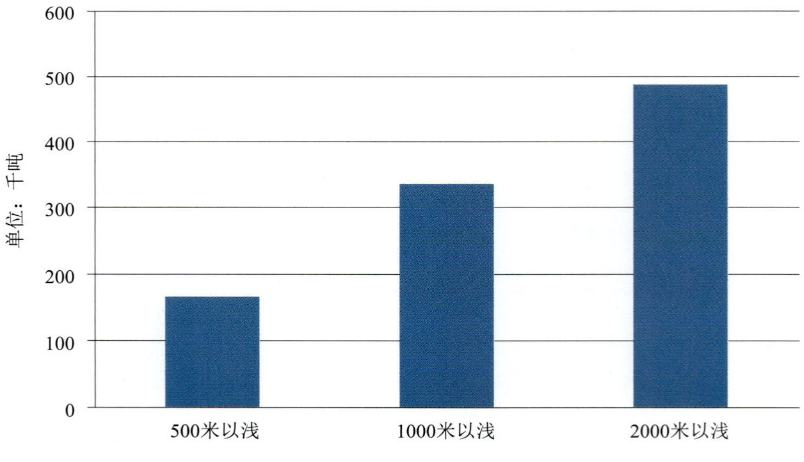

图 9-1　陕西省铬铁矿不同预测深度预测资源量对比图

四、不同地质可靠程度预测资源量

预测资源量按地质可靠程度进行统计：334-1 预测资源量为 235. 1 千吨，334-2 预测资源量为 130. 2 千吨，334-3 预测资源量为 120. 4 千吨，如图 9-2 所示。

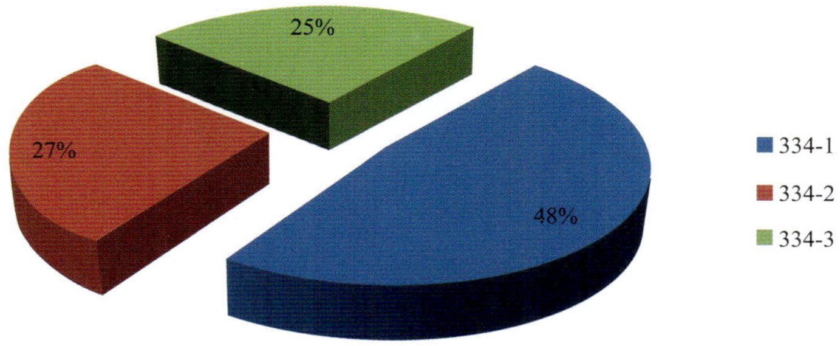

图 9-2　陕西省铬铁矿不同地质可靠程度预测资源量比例图

五、不同利用程度预测资源量

预测资源量按不同利用程度进行统计：可利用预测资源量为 76.6 千吨，暂不可利用预测资源量为 409 千吨，如图 9-3 所示。

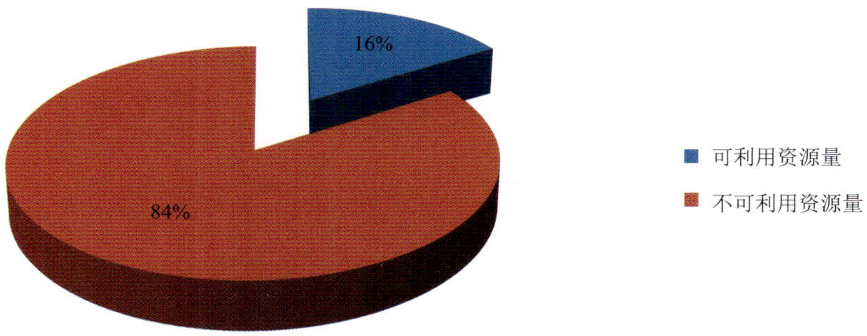

图 9-3　陕西省铬铁矿不同利用程度预测资源量比例图

六、2 级预测区简述

陕西省的 43 个 2 级预测区预测资源量均在 100 万吨以下。

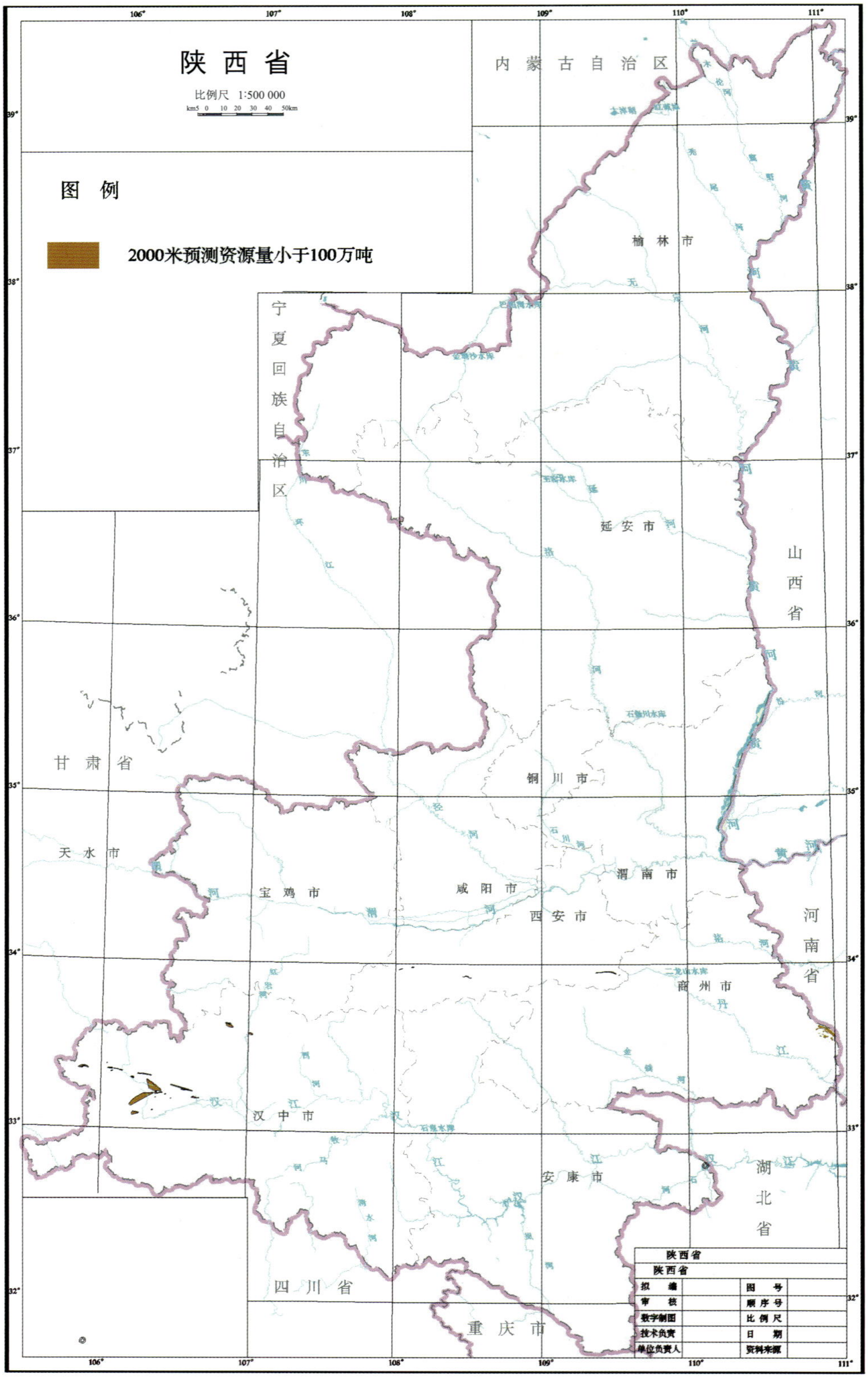

附图 9-1　陕西省铬铁矿 2 级预测区分布图

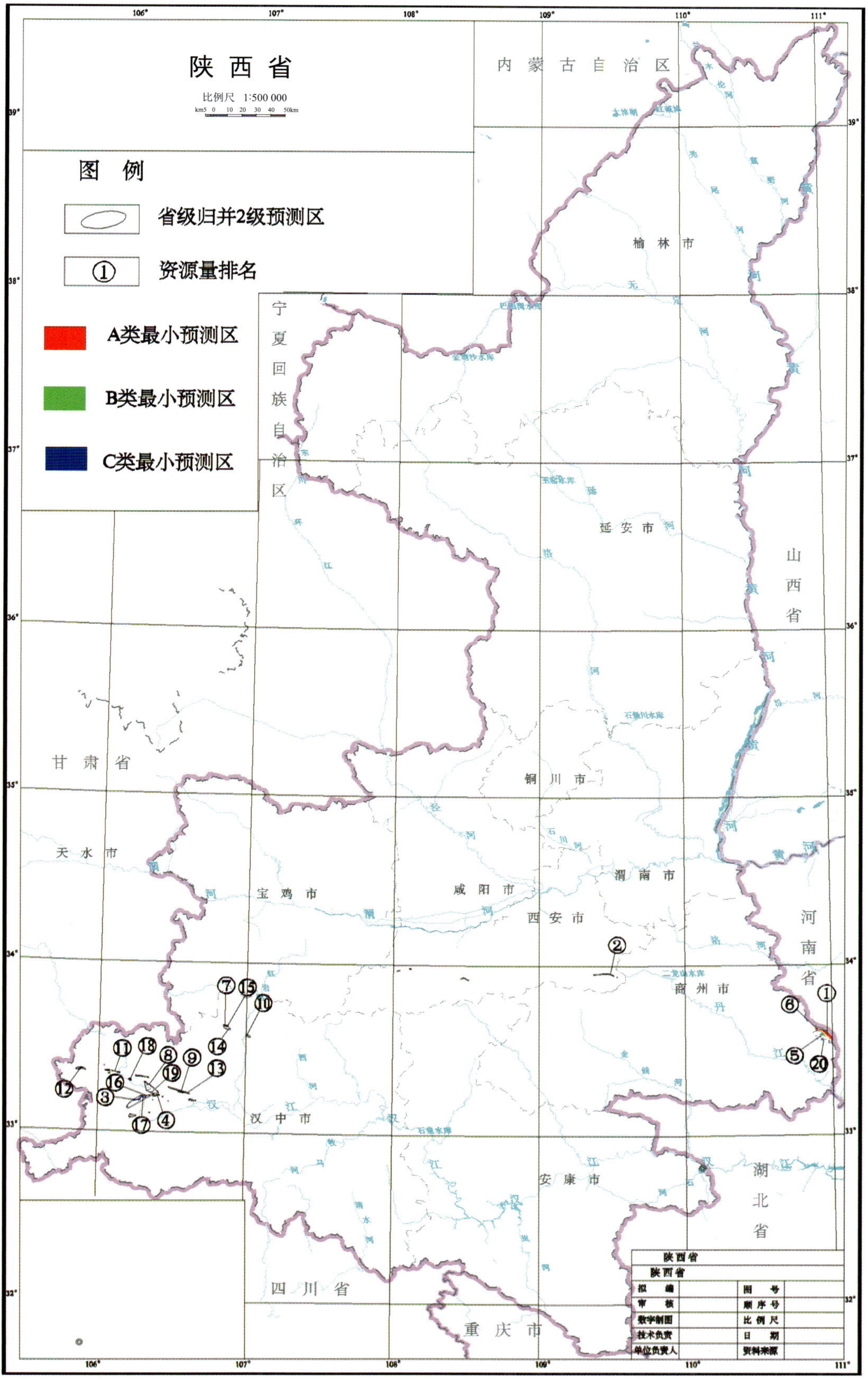

附图 9-2　陕西省铬铁矿省级预测成果分布图

第十章　新疆维吾尔自治区铬铁矿资源潜力评价

一、概述

新疆维吾尔自治区铬铁矿主要集中分布在：克拉玛依市、塔城地区托里县、昌吉州奇台县、鄯善县等地区。矿床类型为蛇绿岩型。

本次铬铁矿预测共划分了12个2级预测区和61个最小预测区。全省累计查明铬资源储量2468千吨，预测铬资源量25736.2千吨。预测铬资源量中，500米以浅25352.1千吨，1000米以浅和2000米以浅均为25736.2千吨。按照目前技术经济评价，在预测的铬资源量中，可利用的铬资源量1964千吨，暂不可利用的23772.2千吨。

二、累计查明资源储量

截止到2010年年底，新疆维吾尔自治区累计查明资源储量为2468千吨，预测资源量为25736.2千吨。

三、不同预测深度预测资源量

预测资源量按照深度进行统计：500米以浅预测资源量为25352.1千吨，1000米以浅预测资源量为25736.2千吨，2000米以浅预测资源量为25736.2千吨，如图10-1所示。

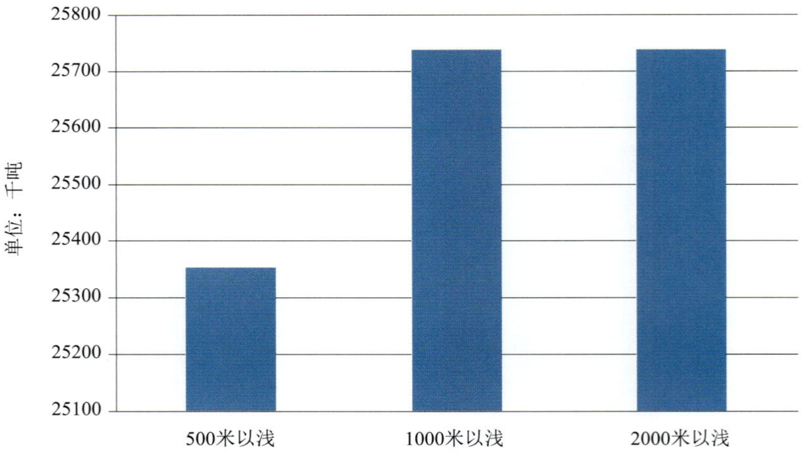

图10-1　新疆维吾尔自治区铬铁矿不同预测深度预测资源量比照图

四、不同地质可靠程度预测资源量

预测资源量按地质可靠程度进行统计：334-1预测资源量为2278.4千吨，334-2预测资源量为

13335.7 千吨，334-3 预测资源量为 9762.1 千吨，如图 10-2 所示。

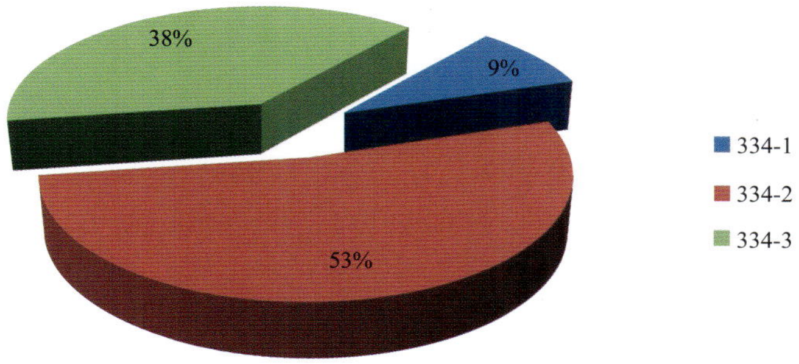

图 10-2　新疆维吾尔自治区铬铁矿不同地质可靠程度预测资源量比例图

五、不同利用程度预测资源量

预测资源量按不同利用程度进行统计：可利用预测资源量为 1964 千吨，暂不可利用预测资源量为 23772.2 千吨，如图 10-3 所示。

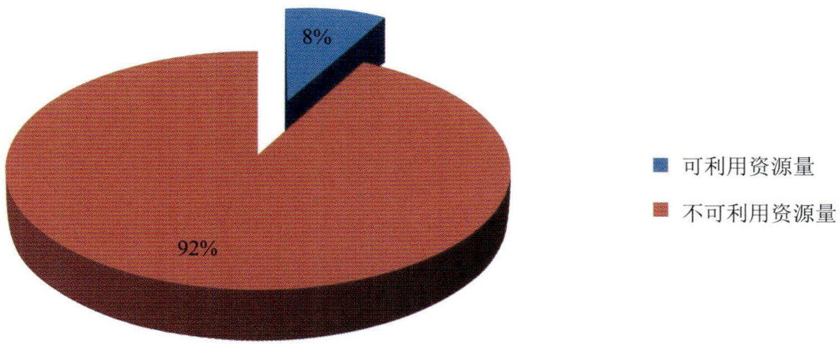

图 10-3　新疆维吾尔自治区铬铁矿不同利用程度预测资源量比例图

六、2 级预测区简述

新疆的 12 个 2 级预测区中，大于 500 万吨的铬铁矿有 1 个，其余全部小于 100 万吨。大于 500 万吨的铬铁矿分布在新疆西北部地区。

附表 10-1　新疆维吾尔自治区铬铁矿 2 级预测区一览表（中型以上）

序号	2 级预测区名称	A 类最小预测区	累计查明资源储量（矿石千吨）	预测资源量（矿石千吨）		
				500 米以浅	1000 米以浅	2000 米以浅
1	萨尔托海	萨尔托海；鲸鱼	2427.4241	23522.0898		

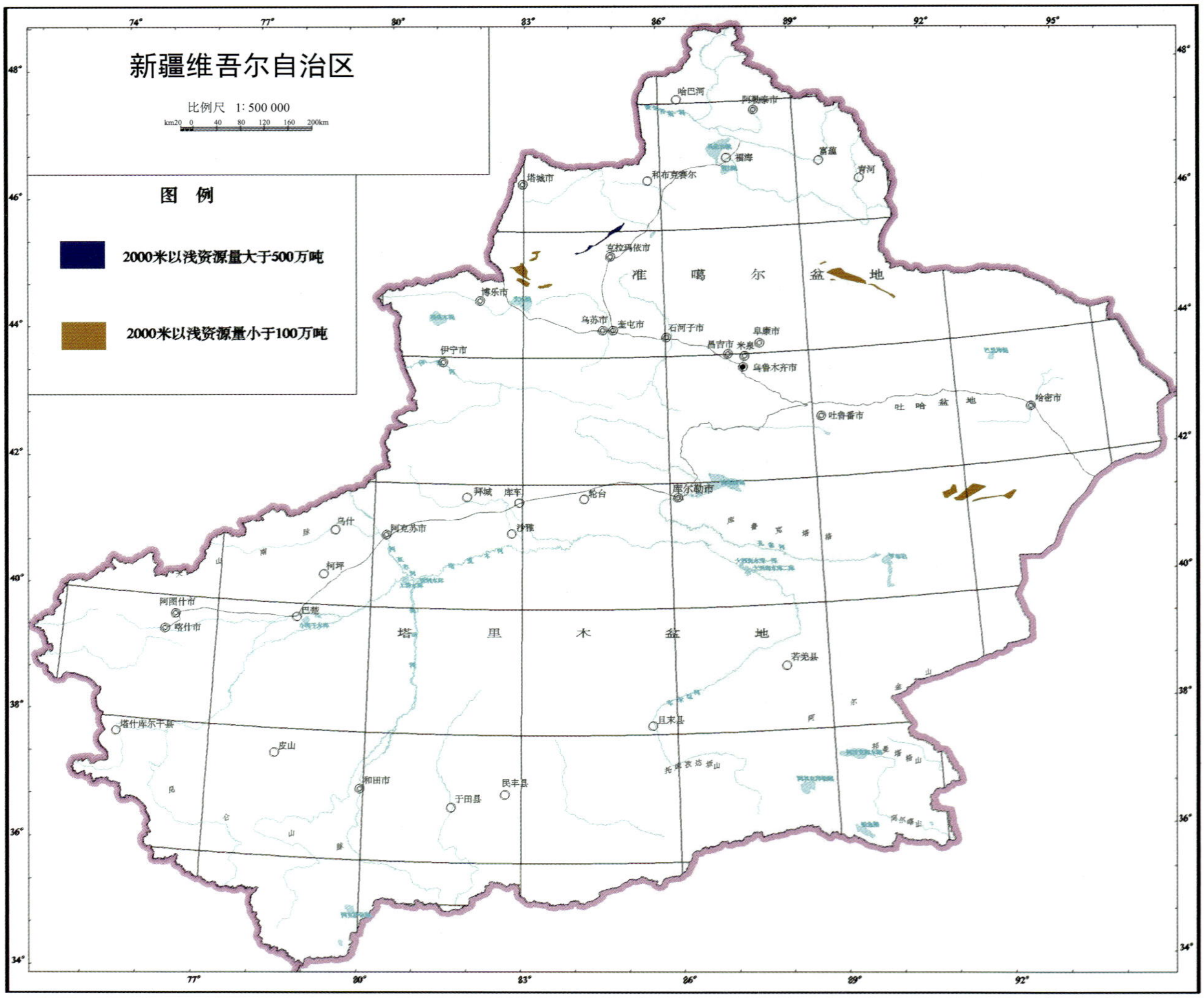

附图 10-1 新疆维吾尔自治区铬铁矿 2 级预测区分布图

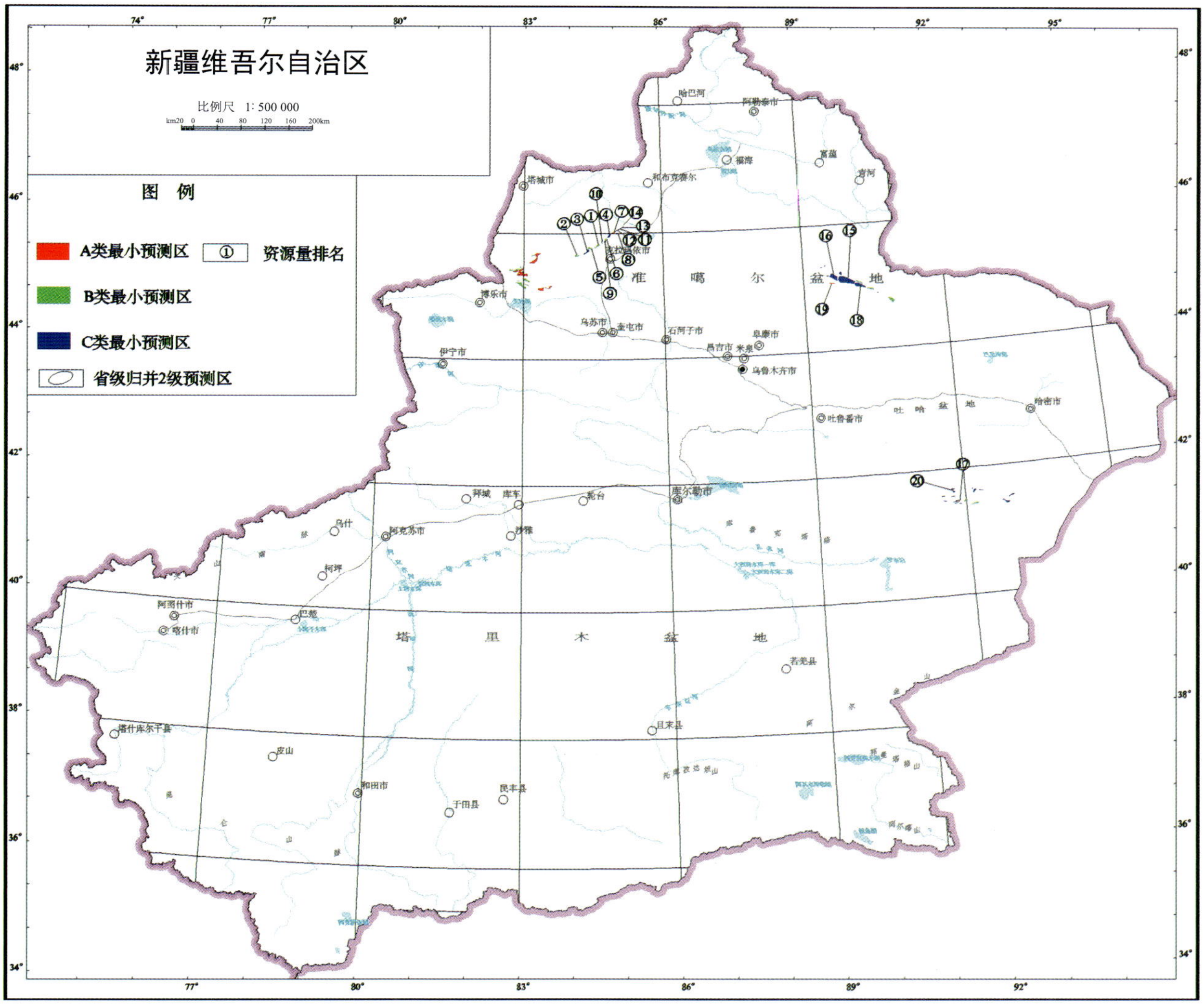

附图 10-2　新疆维吾尔自治区铬铁矿省级预测成果分布图

第十一章　西藏自治区铬铁矿资源潜力评价

一、概述

西藏自治区铬铁矿主要集中分布在罗布莎、东巧、依拉山、切里湖等地区。矿床类型为蛇绿岩型。

本次铬铁矿预测共划分了 18 个 2 级预测区和 29 个最小预测区。全省累计查明铬资源储量 6315 千吨，预测铬资源量 10204 千吨。预测铬资源量中，500 米以浅 8995 千吨，1000 米以浅和 2000 米以浅均为 10204 千吨。按照目前技术经济评价，在预测的铬资源量中，可利用的铬资源量 8995 千吨，暂不可利用的 1209 千吨。

二、累计查明资源储量

截止到 2010 年年底，西藏自治区查明铬资源储量为 6315 千吨，预测资源量为 10204 千吨。

三、不同预测深度预测资源量

预测资源量按照深度进行统计：500 米以浅预测资源量 8995 千吨，1000 米以浅预测资源量为 10204 千吨，2000 米以浅预测资源量为 10204 千吨，如图 11-1 所示。

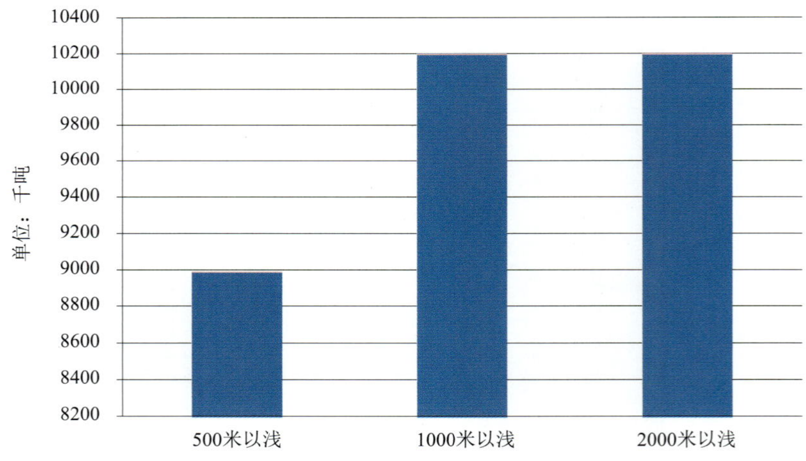

图 11-1　西藏自治区铬铁矿不同深度预测资源量比照图

四、不同地质可靠程度预测资源量

预测资源量按地质可靠程度进行统计：334-1 预测资源量为 9564 千吨，334-2 预测资源量为 390 千吨，334-3 预测资源量为 250 千吨，如图 11-2 所示。

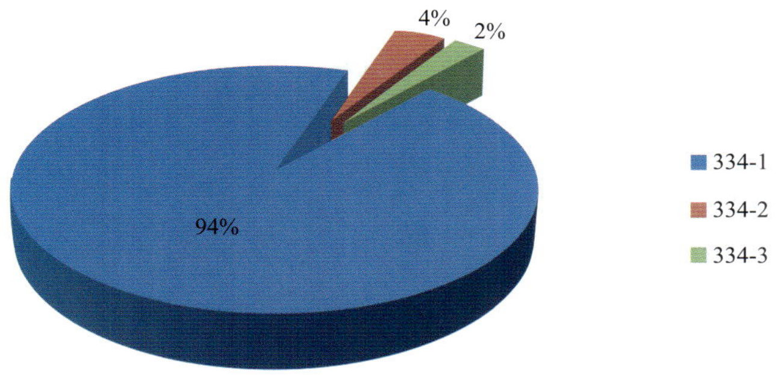

图 11-2　西藏自治区铬铁矿不同地质可靠程度预测资源量比例图

五、不同利用程度预测资源量

预测资源量按不同利用程度进行统计：在预测铬资源量中，可利用预测资源量为 8995 千吨，暂不可利用预测资源量为 1209 千吨，如图 11-3 所示。

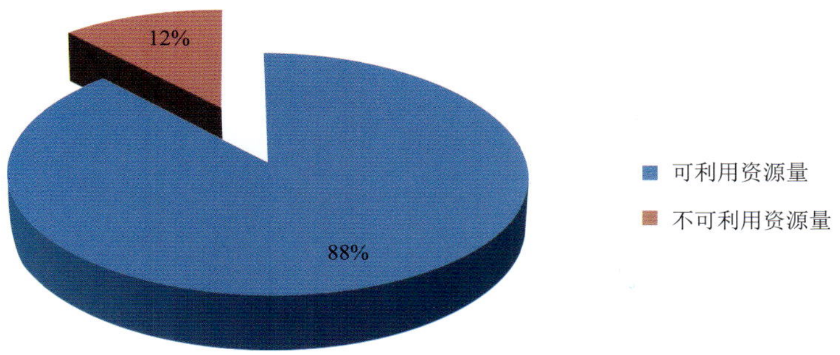

图 11-3　西藏自治区铬铁矿不同利用程度预测资源量比例图

六、2 级预测区简述

西藏自治区的 18 个 2 级预测区中，预测资源量大于 500 万吨的预测区有 1 个，100 万吨～500 万吨之间的有 1 个。其余 16 个 2 级预测区资源量均小于 100 万吨。大型 2 级区罗布莎归并预测区位于西藏中南部地区。

附表 11-1　西藏自治区省铬铁矿 2 级预测区一览表（中型以上）

序号	2 级预测区名称	A 类最小预测区	累计查明资源储量（矿石量，千吨）	预测资源量（矿石量，千吨）		
				500 米以浅	1000 米以浅	2000 米以浅
1	罗布莎	罗布莎罗布莎式蛇绿岩型铬铁矿矿产预测类型 A 类预测区 香卡山罗布莎式蛇绿岩型铬铁矿矿产预测类型 A 类预测区 康金拉罗布莎式蛇绿岩型铬铁矿矿产预测类型 A 类预测区	5682	6879	8088	
2	东巧	东巧东巧式蛇绿岩型铬铁矿矿产预测类型 A 类预测区	400	1143		

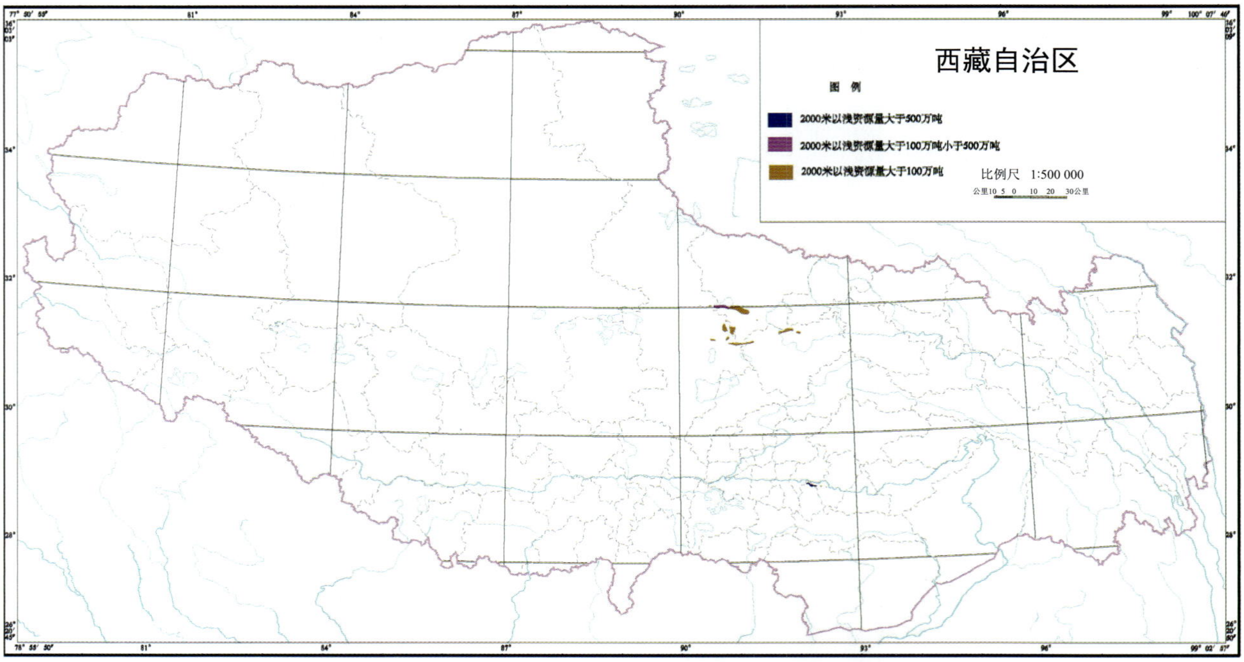

附图 11-1 西藏自治区铬铁矿 2 级预测区分布图

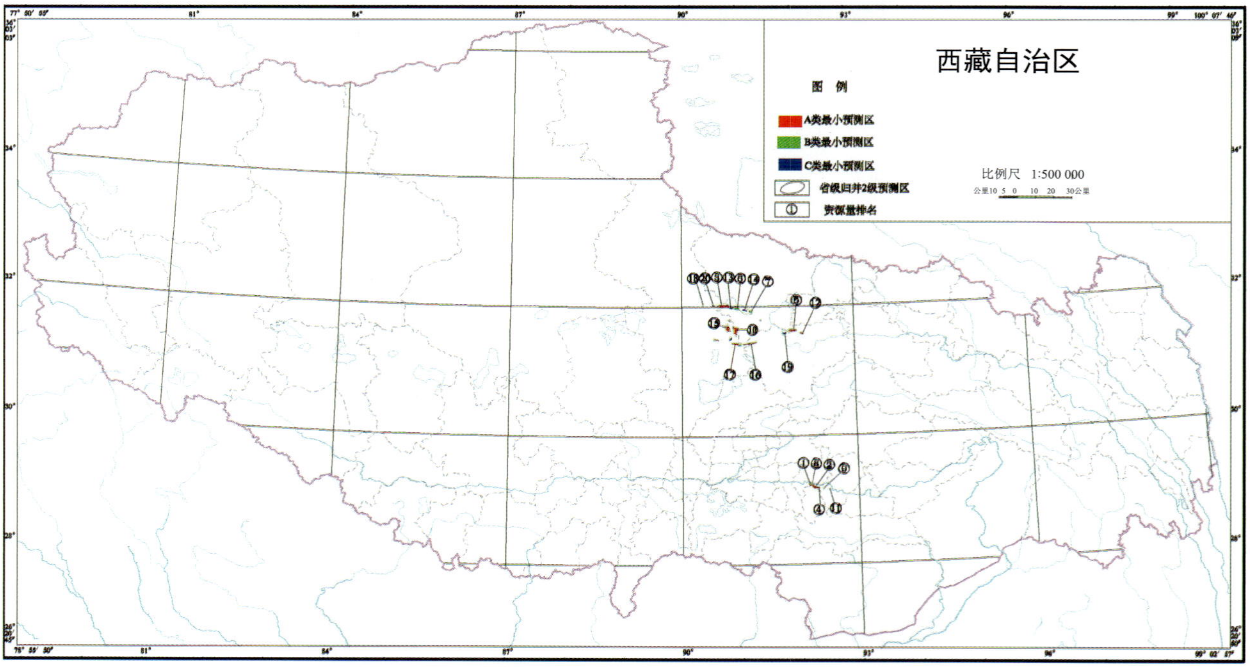

附图 11-2 西藏自治区铬铁矿 2 级预测区分布图

第十二章　云南省铬铁矿资源潜力评价

一、概述

云南省铬铁矿主要集中分布在德钦县、景东县和新平县地区。矿床类型为岩浆岩型。

全省累计共划分了 8 个 2 级预测区和 8 个最小预测区。累计查明铬铁矿资源储量 7.86 千吨，预测铬铁矿资源量 835 千吨。预测铬铁矿资源量中，按不同预测深度分类统计：500 米以浅为 814.3 千吨，1000 米以浅为 814.3 千吨，2000 米以浅为 835 千吨。按照目前技术经济评价，在预测铬资源量中，全部为可利用资源量。

二、累计查明资源储量

截止到 2010 年年底，云南省铬铁矿累计查明资源储量 7.86 千吨，预测铬资源量 835 千吨。

三、不同预测深度预测资源量

云南省铬铁矿预测资源量按深度分类统计如下：500 米以浅预测资源量为 814.3 千吨，1000 米以浅预测资源量为 814.3 千吨，2000 米以浅预测资源量为 835 千吨，如图 12-1 所示。

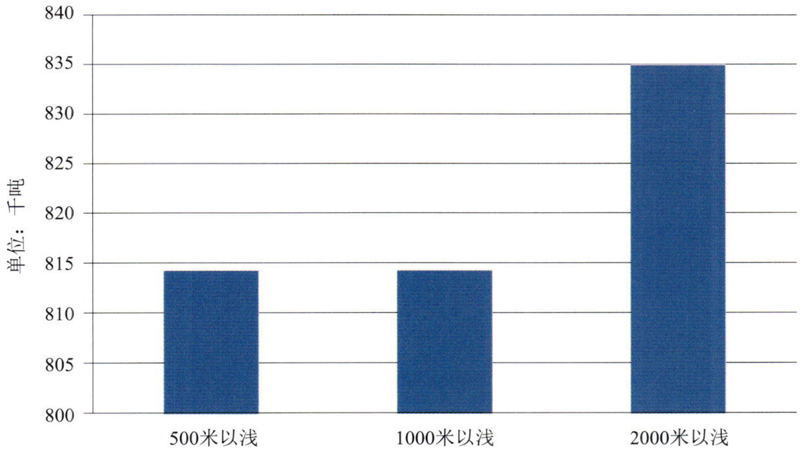

图 12-1　云南省铬铁矿不同预测深度预测资源量对比图

四、不同地质可靠程度预测资源量

云南省铬铁矿预测资源量按地质可靠程度分类统计如下：334-1 和 334-2 预测资源量均为 0，334-3 预测资源量为 835 千吨，如图 12-2 所示。

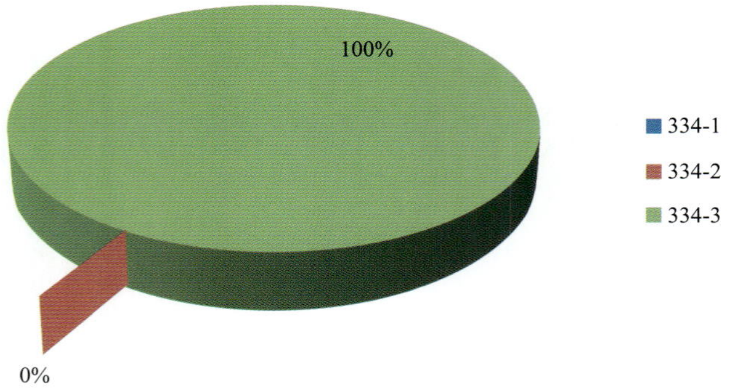

图 12-2　云南省铬铁矿不同地质可靠程度预测资源量比例图

五、不同利用程度预测资源量

云南省铬铁矿预测资源量按不同利用程度分类统计：在预测的铬资源量中，全部为可利用预测资源量，如图 12-3 所示。

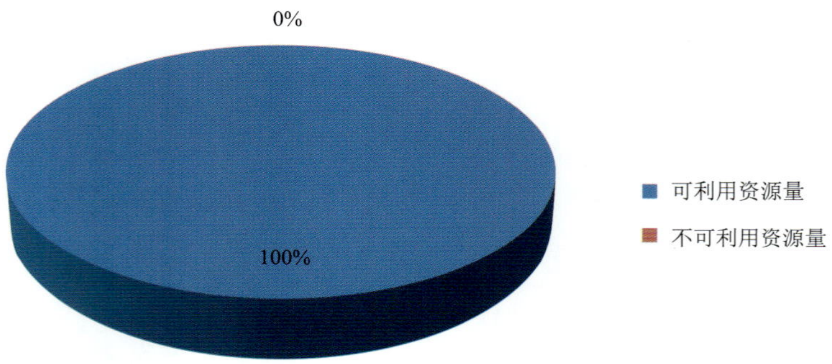

图 12-3　云南省铬铁矿不同利用程度预测资源量比例图

六、2 级预测区简述

云南省的 8 个 2 级预测区预测资源量均小于 100 万吨。

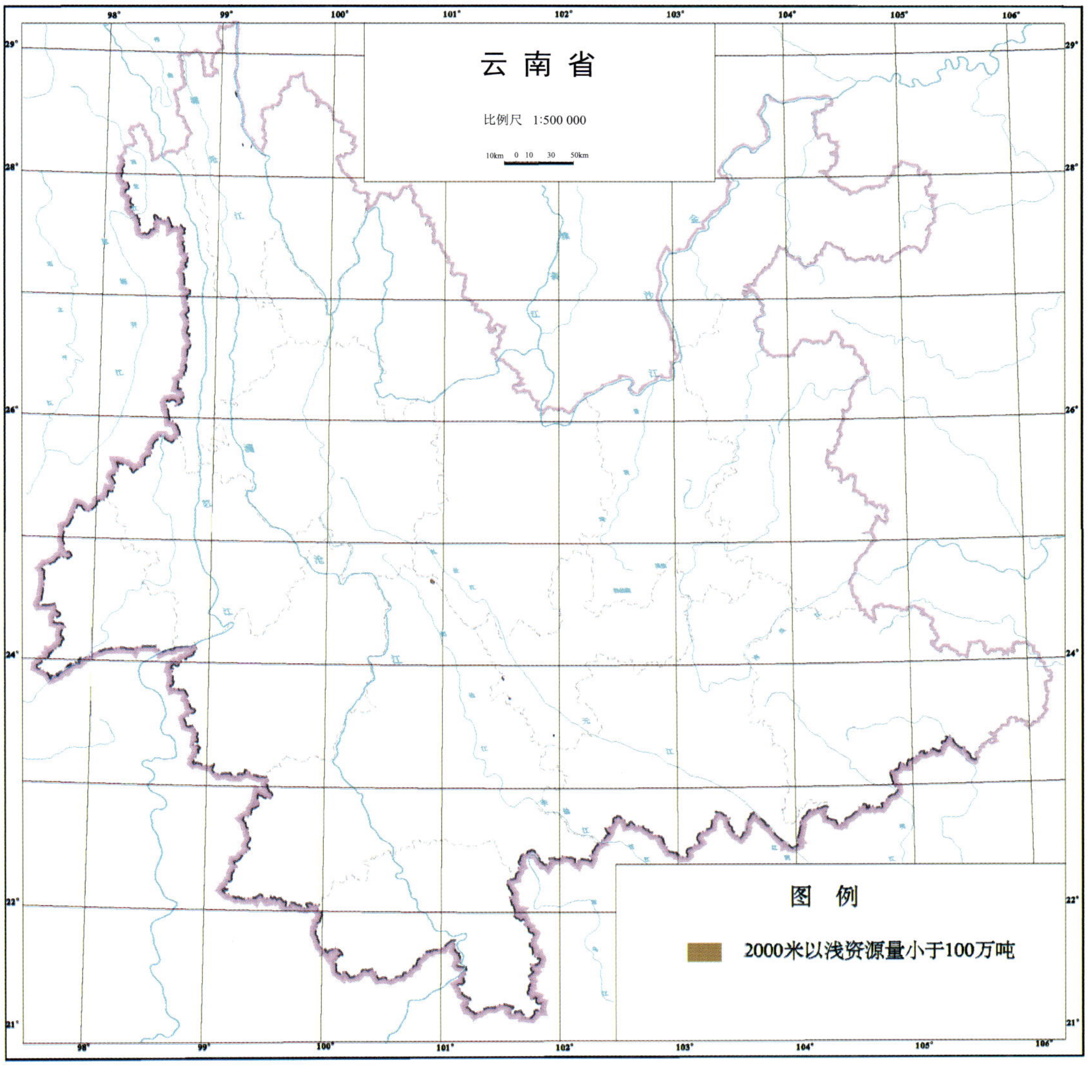

附图 12-1　云南省铬铁矿 2 级预测区分布图

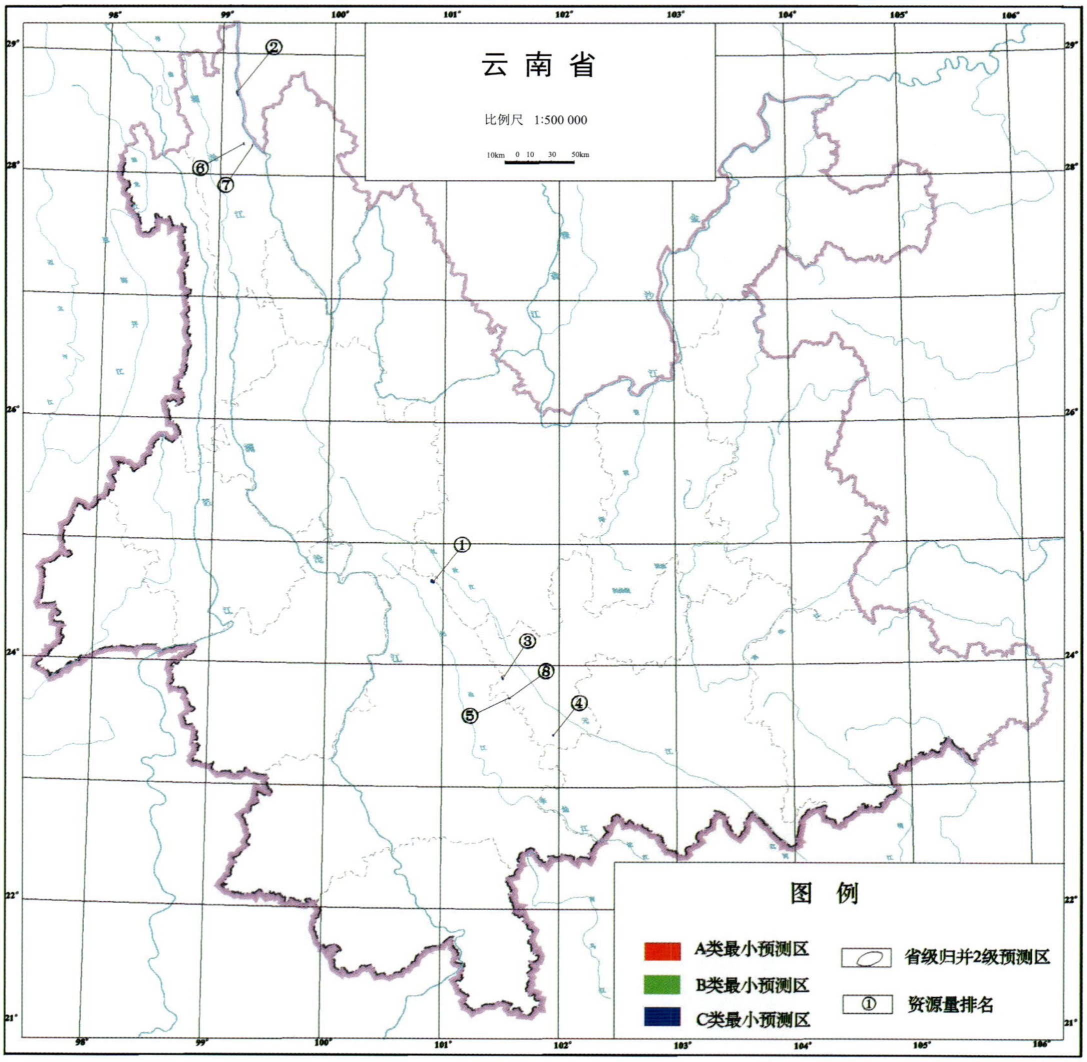

附图 12-2 云南省铬铁矿省级预测成果分布图

第十三章　北京市铬铁矿资源潜力评价

一、概述

北京市铬铁矿分布在密云地区。矿床类型为岩浆岩型。

本次铬铁矿预测共划分了 3 个 2 级预测区和 3 个最小预测区。全市累计查明铬资源储量 731. 3 千吨，预测铬资源量 973. 6 千吨。预测铬资源量中，500 米以浅、1000 米以浅和 2000 米以浅均为 973. 6 千吨。按照目前技术经济评价，在预测的铬资源量中，全部为不可利用资源量。

二、累计查明资源储量

截止到 2010 年年底，北京市查明资源储量为 731. 3 千吨，预测资源量 973. 6 千吨。

三、不同预测深度预测资源量

预测资源量按照深度进行统计：500 米以浅、1000 米以浅和 2000 米以浅预测资源量均为 973. 6 千吨，如图 13-1 所示。

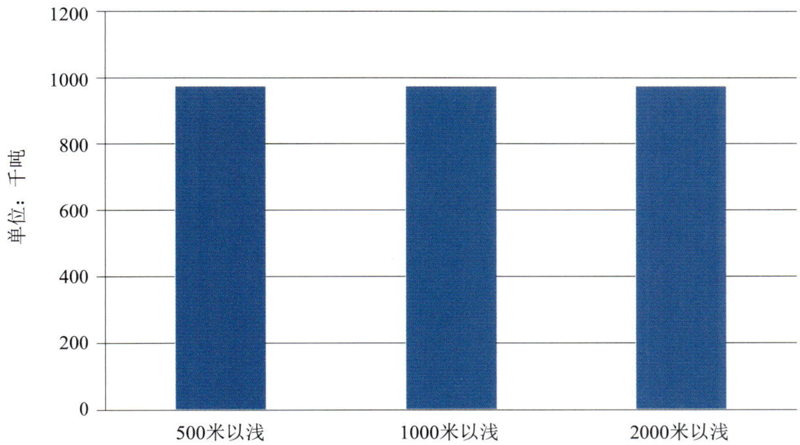

图 13-1　北京市铬铁矿不同深度预测资源量比照图

四、不同地质可靠程度预测资源量

预测资源量按地质可靠程度进行统计：334-1 预测资源量为 0 吨，334-2 预测资源量为 528. 8 千吨，334-3 为 444. 8 千吨，如图 13-2 所示。

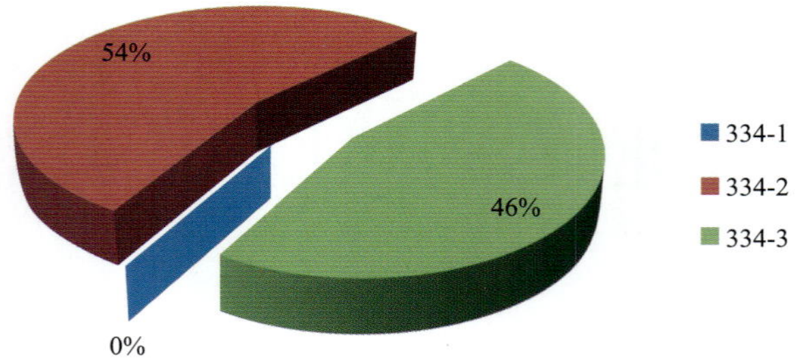

图 13-2　北京市铬铁矿不同地质可靠程度预测资源量比例图

五、不同利用程度预测资源量

预测资源量按不同利用程度进行统计：在预测铬资源量中，可利用预测资源量为 0 吨，暂不可利用预测资源量为 973.6 千吨，如图 13-3 所示。

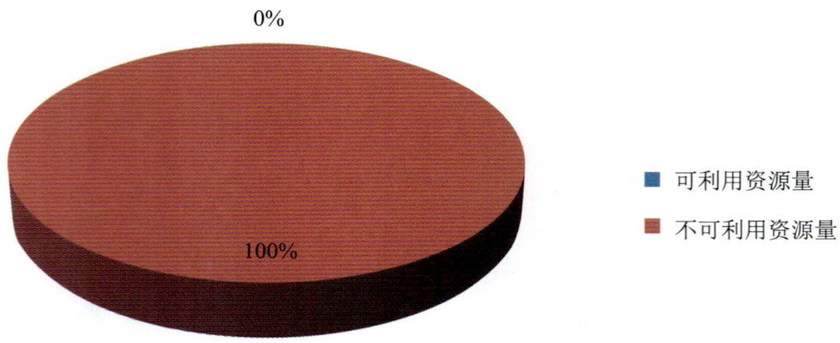

图 13-3　北京市铬铁矿不同利用程度预测资源量比例图

六、2 级预测区简述

北京市的 3 个 2 级预测区预测资源量均小于 100 万吨。

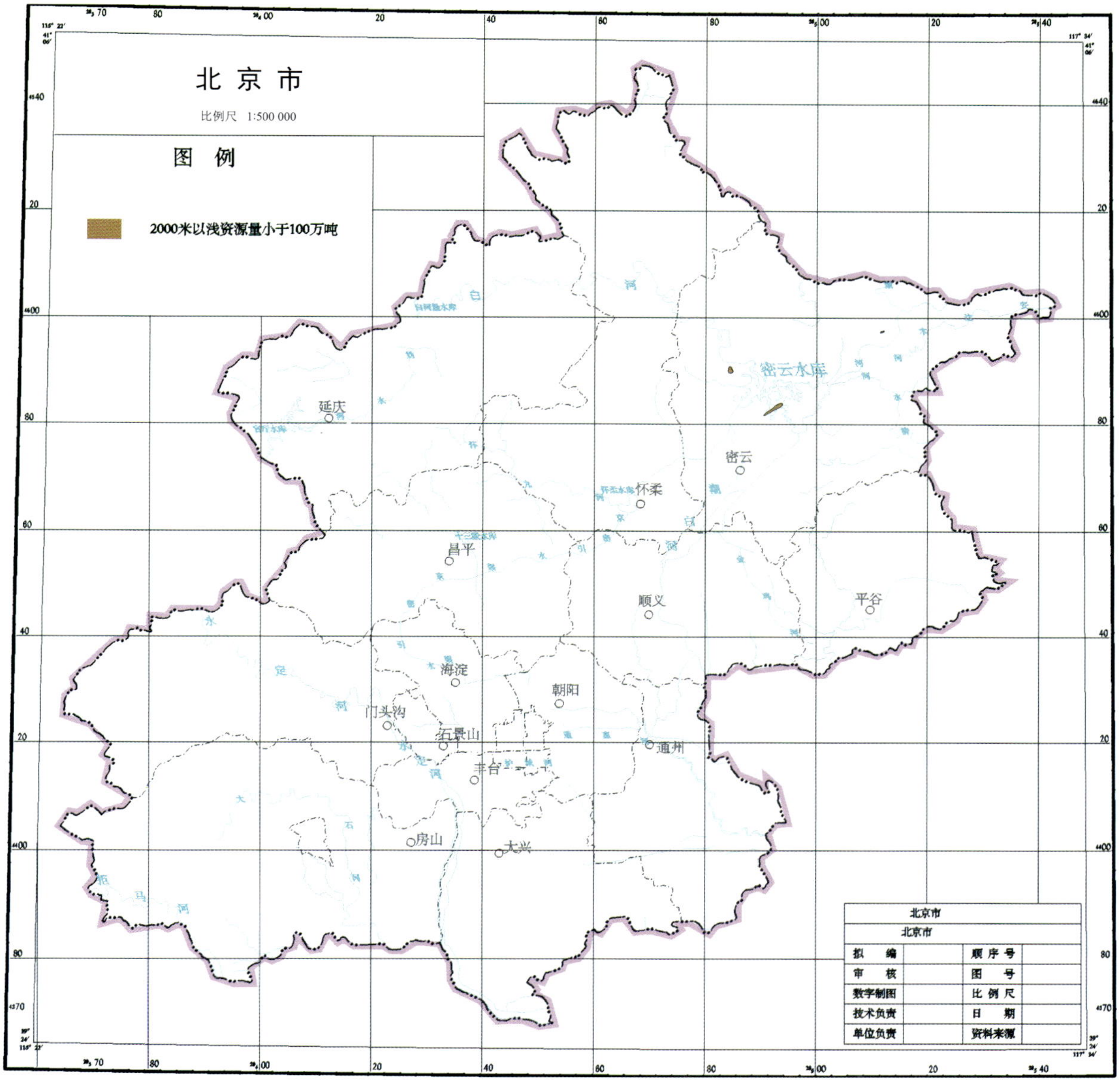

附图 13-1　北京市铬铁矿 2 级预测区分布图

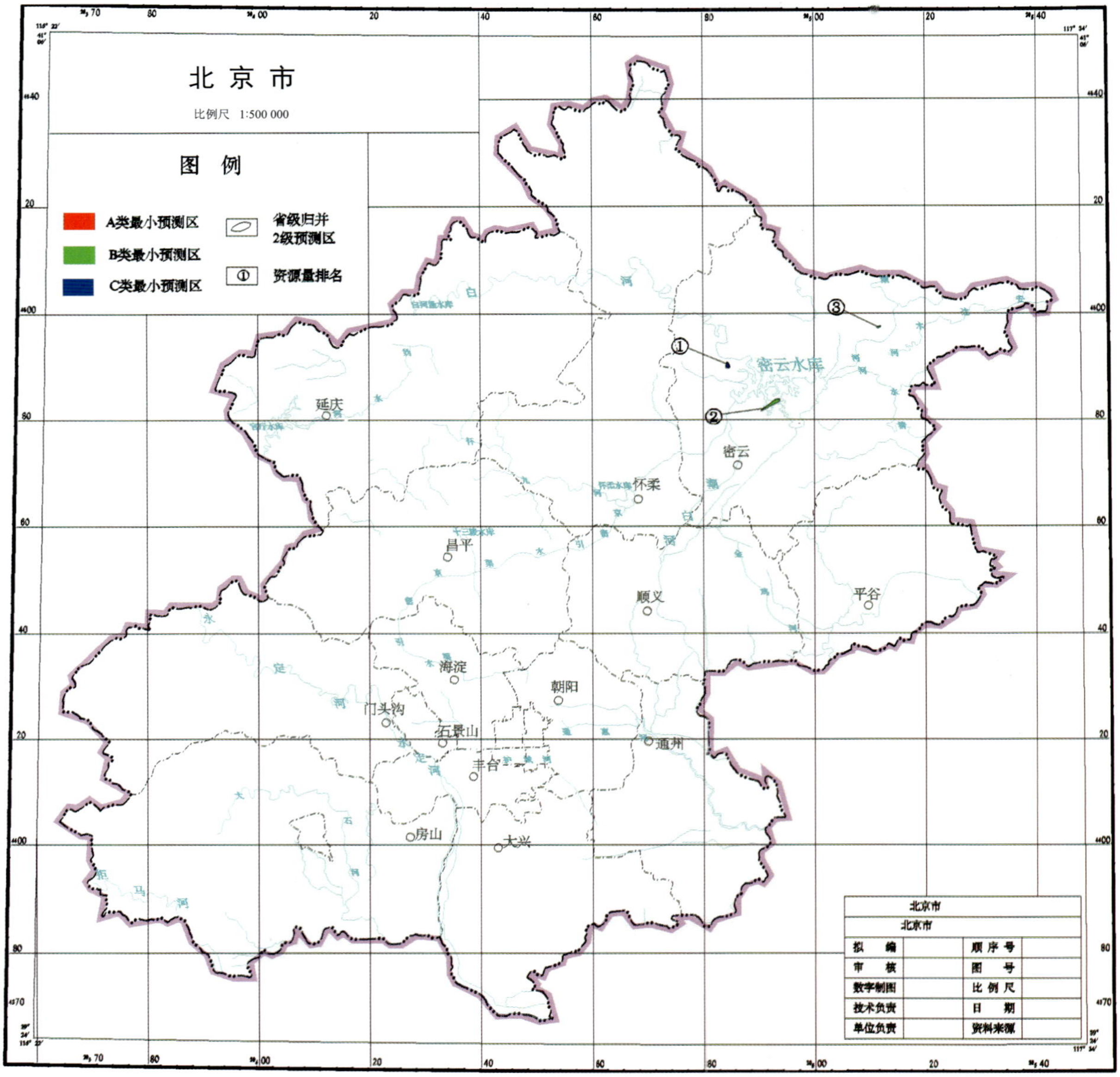

附图 13-2　北京市铬铁矿省级预测成果分布图